完全掌握，全面理解！

圖解 電池入門

電池がわかる本

內田隆裕◎著

大同大學材料工程學系教授
吳溪煌◎審訂

王慧娥◎譯

■前言

電子工業的進步，為人類的生活帶來了方便與舒適。在我們每天的日常活動當中，也圍繞著各式各樣的電器製品。而對於這項不限時間地點、可隨身攜帶使用、不須連結家用電源的便利性產品，更是在人們長久期盼下終於出現的科技成果。

手提式錄放音機、CD或MD播放器、手機、數位相機、筆記型電腦等攜帶用的電器用品，都是因應人類的需求而產生。當我們隨時隨地想聽自己喜歡的音樂，或是打算在某個時間、地點和別人通話時，抑或在任何時間、任何地點，想要獲得某些事情的解答時，這類攜帶型電器正可滿足我們所有的立即性需求。

而能讓所有攜帶式電器發揮作用的，便是電池。近年來，在市面上陸續推出可長時間使用的新電池，可以減少更換電池的次數，也不需要一直重複充電。另外還有以光、熱能發電的電池，像是大多數電子計算機中使用的太陽能電池，正是此類電池的個中代表。而目前利用氫氣產生電能的燃料電池也正持續研究開發，並已應用在汽車、家庭用發電設備等各種領域，從這些地方已經可以預見，燃料電池的開發將會為人類帶來前所未有的新能源社會。

本書將以簡單明瞭的方式，介紹各式各樣的電池。從瞭解電池的用途、電池的演進歷史、電池的能源供應構造，和電池的安全使用方法、回收利用等知識著手，希望能以有趣的方式呈現給讀者。

最後，對於在本書撰寫的過程中，耐心地提供支援的OHM社及相關協助人士等，本人在此謹致上深深的謝意。

二〇〇三年六月　內田 隆裕

■目 次

1. 電池的廣泛用途

- 家庭中廣泛使用的電池……2
- 行動社會所需的電池……8
- 太陽能電池的應用……10
- 住宅用太陽能發電系統……14
- 產業用太陽能發電系統……18
- 離島的太陽能發電系統……20
- 住宅用燃料電池系統……22
- 分散型發電網路……24
- 不斷電系統……28
- 於外太空活用的電池……30
- 汽車與電動車的電池……34
- 油電混合車的電池……36
- 燃料電池汽車……38
- 電動輔助自行車的電池……40
- 太陽能動力車＆太陽能動力船……42
- 電池的種類……44

2. 各種化學電池及其特點

- 一次電池、二次電池與燃料電池……48
- 濕電池與乾電池……50
- 錳鋅乾電池……52
- 鹼性乾電池……56
- 鎳乾電池……60

■ 水銀電池……62

■ 氧化銀電池……64

■ 鋅空氣電池……66

■ 多樣化的一次鋰電池……68

■ 鋰氟化碳電池……70

■ 鋰二氧化錳電池……72

■ 圓筒形鋰電池的螺旋結構……74

■ 其他一次鋰電池……76

■ 海水電池……80

■ 鉛蓄電池……82

■ 鎳鎘電池……86

■ 鎳氫電池……90

■ 充電式鋰電池……94

■ 鋰離子二次電池……96

■ 質子聚合物電池……98

■ 鈉離子（NaS）電池……100

■ 各種燃料電池……102

3. 化學電池的誕生與演進歷史

■ 世上最古老的電池是巴格達電池？……108

■ 伽伐尼的實驗……110

■ 發明電池的伏特……112

■ 伏特電池的原理……114

■ 因產生氣泡而無法使用的伏特電池……116

■ 丹尼爾電池不會產生極化現象……118

■ 丹尼爾電池中素陶隔板的作用……120

■ 葛洛夫電池……124

■ 第一個燃料電池＝氣體電池……126

■ 第一個燃料電池的構造……128

■ 勒克朗謝電池……130

■ 乾電池的誕生……132

■ 日本人與電池……134

4. 最具代表性的物理電池

■ 太陽能電池的構造……138

■ 太陽能電池的種類……140

■ 熱起電力電池（熱電池）與原子能電池……142

■ 靠體溫發電的電池……144

■ 電雙層電容器……146

5. 適當且安全的使用方法與廢棄回收處理

■ 電池的安全使用方式……150

■ 化學電池的規格記號……154

■ 電池性能的判讀方式……156

■ 電池種類及其用法……162

■ 電池的串聯連接……166

■ 電池的並聯連接……168

■ 電池檢測……170

■ 電池漏液的處理方式……172

■ 丟棄、回收電池的正確方式……174

6. 二次電池的充電方式及相關注意事項

■ 可充電與不可充電的電池……178

■ 各種充電方式……180

■ 鉛蓄電池的充電方式……184

■ 鎳鎘電池的充電方式……186

■ 鎳氫電池的充電方式……190

■ 鋰離子二次電池的充電方式……192

■ 將一次電池充電的危險……194

■ 記憶效應……196

■ 出水即充電的感應式水龍頭……198

■ 無電極的非接觸性充電方式……200

■ 緊急情況下的充電方式……202

索引……207

┌─ 專　欄 ─────────────────────┐

三浦摺疊……33

電池產量如此龐大……46

電極的「混合物」……51

錳鋅乾電池「水銀零使用」……54

鹼性乾電池的防止逆接設計……58

鎳鎘電池的回收……88

決定電池電壓的因素……106

氧化、還原反應與電子的作用……136

將三號電池轉換為一號電池的電池轉換套筒……148

誤吞電池時，應立即撥打119！……153

電池的使用期限＝建議使用期限……161

攜帶電池時，應將電池放入盒內……176

何謂過充電？……193

利用檸檬製作電池……204

1

電池的廣泛用途

家庭中廣泛使用的電池

在現代社會裡，有許多依靠電力而運作的機器設備，環繞在我們的生活周遭，可以說，如果沒有它們的存在，我們的日常生活便無法順利運作。而這類機器，近年來也是朝向小型化、高機能化和便利性更高的方向發展。

電器設備的小型化、高機能化之所以能夠實現，憑藉的就是各式各樣的「電池」。在現代生活中，電池和我們已經是密不可分了。在深入瞭解電池之前，讓我們先來看看在家中經常使用的電池種類吧。

首先注意到的應該就是電視的搖控器了。電視搖控器可以讓我們不必特地走到電視旁邊，只要在原地動動手，就可以操作各種選擇功能，像是選擇頻道、調整音量、開關電源等。如此便利的搖控器，多半是使用兩個「三號」的「錳鋅乾電池」。除此之外，像是用來操控錄放影機錄影、播放動作的搖控器，以及控制音響播放CD或廣播的搖控器，還有切換空調冷暖氣運轉、調整室內溫度的搖控器等，全都必須仰仗電池才能發揮作用。

石英鐘同樣也是依靠電池才能轉動。將掛在牆壁上的大時鐘翻過來，然後拆開背面的電池蓋，就可以看到裡面裝著一個「一號」或「二號」的錳鋅乾電池。若是較小的鐘錶，可能是使用「鈕釦形」的「一次鋰電池」。座鐘大多是安裝三號錳鋅乾電池，而鬧鐘為了能發出鬧鈴聲，所以運用了兩個電池。

家用無線電話的子機，讓我們可以在家裡的任何區域接聽、撥打電話，可說是相當方便的產品，而這個子機同樣必須仰賴電池才能運作，主要是裝設可充電的「鎳鎘電池」或「鎳氫電池」。當我們平常不使用時，將其擺放在專用的話機上，就

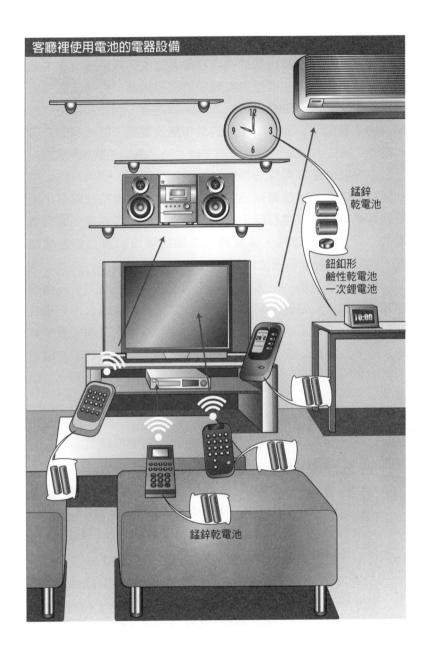

客廳裡使用電池的電器設備

錳鋅
乾電池

鈕釦形
鹼性乾電池
一次鋰電池

錳鋅乾電池

能讓電池進行充電的動作。

　　此外，很多家庭也裝有可收發傳真的家用電話傳真機，這類電話傳真機，有些機種還附有手持式掃描器，它可以從主機上拿下來，然後用來掃描報紙或雜誌的內容。而這個手持式掃描器也是靠電池來運作，使用的是和無線電話子機相同的充電式電池，將它放回電話傳真機的主機上時，電池便開始充電。

　　以筒裝天然氣或煤油為燃料的暖氣設備裡，安裝有點火用的錳鋅乾電池。若是無線充電式吸塵器，就不須拉扯電線，即可輕輕鬆鬆完成吸塵打掃工作，其所使用的是鎳鎘電池或鎳氫電池。至於文具方面，像是電池式削鉛筆機、桌上型吸塵器等，通常裡面都裝有三號的錳鋅乾電池。

　　再來看看洗臉台。男性用來刮鬍子的電動刮鬍刀，同樣也是靠電池運作。電動刮鬍刀可分為充電式和乾電池式，充電式使用了鎳鎘電池或鎳氫電池這類二次電池組。乾電池式幾乎都是裝設2～3個三號「鹼性乾電池」，若使用同規格的二次電池也可以相容。另外，有些電動刮鬍刀則是採用圓筒形的一次鋰電池。

　　電動牙刷也是近年來逐漸普及的用品，同樣可分為充電式、乾電池式二種。充電式使用的是鎳鎘電池或鎳氫電池的二次電池，乾電池式則使用三號錳鋅乾電池或鹼性乾電池。

　　電子體重計、電子體溫計、電子血壓器、計步器等用來管理家人健康的健康儀器，大多數也是依賴電池來運作。以感應器來測量體重的電子式數位體重計，安裝的是三號錳鋅乾電池。有些體重計還附有測量體脂肪率的功能，這種產品是利用導電性，來同時測量出體脂肪率和體重。

　　液晶顯示的電子體溫計中，裝設的是鈕釦形鹼性乾電池，而電子血壓計則是使用三號錳鋅乾電池或鹼性乾電池。另外還有只須將儀器捲繞在手腕上，即可測出血壓的攜帶型血壓計，

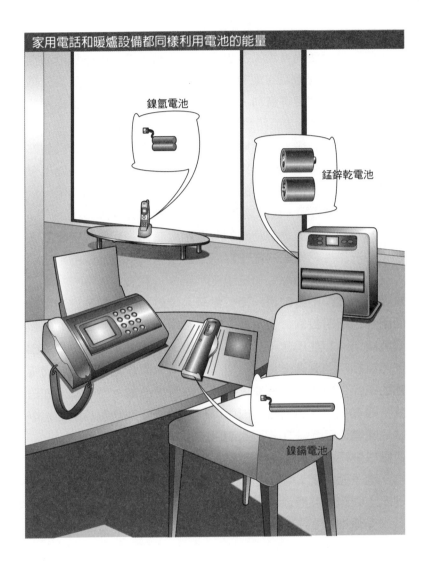

家用電話和暖爐設備都同樣利用電池的能量

鎳氫電池

錳鋅乾電池

鎳鎘電池

其所使用的是「四號」鹼性乾電池。

可以計算使用者走了多少步的計步器，是藉由鈕釦形鹼性乾電池或一次鋰電池的電力來運作。也有些計步器只要事先輸入體重、步伐寬度等資料，便能立即自動計算走多少步能消耗多少熱量，或累計步行距離等。

接著進入廚房。瓦斯爐同樣也需要使用電池。當我們想點火時，只要轉動點火器，火花立即就會竄出，再以瓦斯催化火苗滋長。要製造這個引燃的火花，也必須依靠電池的作用。只要查看瓦斯爐後面，應該就可以看到點火用的錳鋅乾電池。

方便我們知道烹調時間的廚房用計時器，有些是內裝三號或鈕釦形鹼性乾電池的電子計時器。還有像乾電池式的電動研磨器裡，則是裝置鹼性乾電池等能源。

感應式照明設備是一種每當有人走近，燈光就會立刻點亮的便利性照明設備。通常會裝設在玄關、走廊、停車場的感應式照明燈，有些是運用三號鹼性乾電池。此外，每到夜晚就自動照亮庭院的庭園燈，有一種是利用「太陽能電池」與鎳鎘電池的組合作為電源，這種太陽能式庭園燈是靠太陽能電池在日間接收陽光，並將它轉換成可以補充鎳鎘電池能量的電能，以讓庭園燈有足夠電力在夜間自動點亮。

只要再仔細觀察，一定可以發現更多的應用實例。總而言之，電池已經是家中各種儀器的重要動力來源。

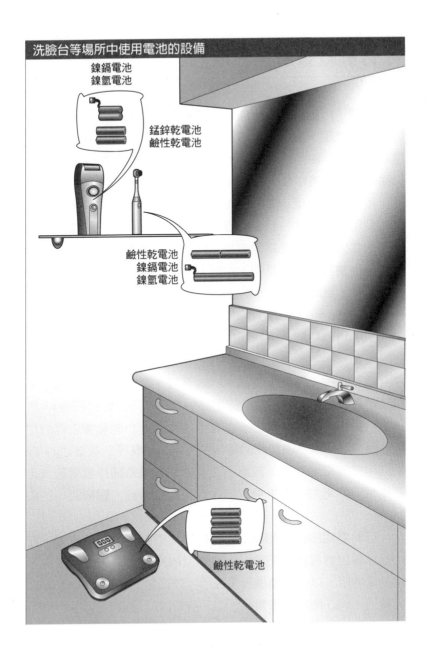

洗臉台等場所中使用電池的設備

鎳鎘電池
鎳氫電池

錳鋅乾電池
鹼性乾電池

鹼性乾電池
鎳鎘電池
鎳氫電池

鹼性乾電池

行動社會所需的電池

所謂「行動式」（Mobile），指的是易於移動、不固定在特定場所的意思。隨著行動電話及資料通訊所需的無線通訊基礎建設的普及，使得現在的環境已被稱為「行動社會」，讓我們能夠隨時隨地一邊移動，一邊進行溝通與交流。

行動電話及低功率的PHS電話普及，取代了安裝於特定場所的公用電話，讓我們不必受限於地點，而能在任何場所進行通訊；此外，由於網路的普及，裝置無線通訊功能的筆記型電腦等，也讓我們不必受制於時間及場所，隨時隨地都能取得、處理資料。無論何時何地都能互相交流的「行動通訊」，和可以一邊移動、一邊使用電腦上網的「行動運算」（Mobile Computing）功能，讓我們的生活型態及商業模式，有了大幅度的改變。

行動電話、筆記型電腦、PDA等等，像這種以便於攜帶、可在室外使用為目的所製造的產品，被稱為「行動式設備」。所謂的行動式設備，全都必須以電池為電源，方能發揮它們的功用。目前這類產品所搭配的電池主要是「鋰離子二次電池」。以相同尺寸的電池而言，鋰離子二次電池的電力儲存容量最大；若從相同的電力容量來看，它也具有重量最輕、體積最小的優點。

行動電話所使用的電池，則是方形的鋰離子二次電池。在行動運算世界裡必備的筆記型電腦及PDA等工具，都配備有專用的電池組。以往這類機器是採用「鎳鎘電池」或「鎳氫電池」等電池，現在則是以重量輕、能源容量大而且沒有「記憶效應」（參照p.196）的鋰離子二次電池組為主流。

最近將影像處理成數位資料的機會已日漸增多，因應此種

需求所必備的工具——數位相機，使用的是鎳氫電池、鋰離子二次電池的專用電池組，或「鎳乾電池」、「鹼性乾電池」和相機專用的「一次鋰電池」等。

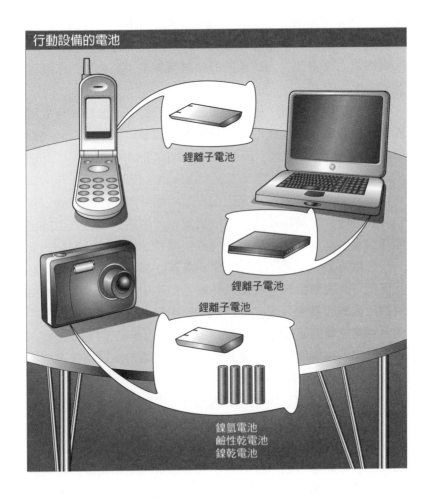

行動設備的電池

鋰離子電池

鋰離子電池

鋰離子電池

鎳氫電池
鹼性乾電池
鎳乾電池

太陽能電池的應用

　　由於使用太陽能電池就不須用長長的電線插在插座上，同時也不需要定期維護、更換乾電池，所以利用「太陽能電池」的產品，已經有越來越多的趨勢。太陽能電池的受光面積，和取得的電力成正比，因此應用的範圍可以由小到大，也涵蓋了各式各樣的用途。

　　以小型物品來說，我們周遭最常見的例子，應該就是太陽能計算機了吧。目前大部分的計算機，都是以太陽能電池為電源來運作。因為太陽能計算機只需要數μW的小小電力，因此它不僅可以利用陽光，連接收燈泡或日光燈的光線也可運作，當然更沒有更換電池的麻煩。現在，太陽能計算機已經是辦公事務、家庭收支計算中不可或缺的計算工具。另外，最近也推出了應用太陽能的手錶；這種不需要更換電池的手錶，也有日漸普及的趨勢。

　　接下來再看看尺寸稍微大一點的例子，像是應用太陽能電池的太陽能收音機、太陽能照明燈等用品。這些產品將太陽能電池和可充電的「鎳鎘電池」、「鎳氫電池」等二次電池組合在一起使用；將太陽能電池受光後所製造的電力，儲存在二次電池裡，就可以用來聽收音機或點亮照明設備。

　　在居家修繕量販店裡，就販售有太陽能庭園燈等類型的照明設備。這些照明燈在白天利用太陽能電池進行充電，到了晚上便有足夠的電力自動點亮光源。此外，還有些汽車用品專賣店或居家修繕量販店，會販賣小尺寸的太陽能光電板。將太陽能光電板和電瓶接在一起，就可以避免汽車因長時間停駛而發生電瓶沒電的情況。同樣的原理也應用在快艇或大型的遊艇、漁船船隻上。利用太陽能電池的蓄電功能，可避免停泊時電瓶

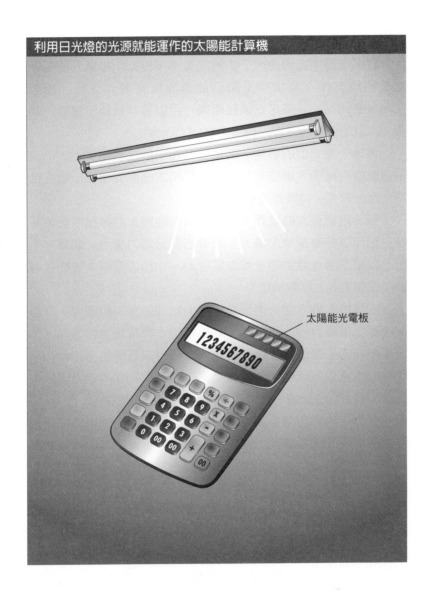

利用日光燈的光源就能運作的太陽能計算機

太陽能光電板

發生沒電的情況。

　　許多道路標誌也使用了太陽能電池，例如：每當入夜後，重複閃爍動作、警示交叉路口的路面反光器（又稱「貓眼（Cat's Eye）」）；或是安裝在路邊、用以提示路肩位置的閃爍燈，以及用來警示下坡、轉彎處的LED板標誌等。

　　還有一些大型的物件，像是安裝在一般住宅屋頂上、用來製造家庭用電的太陽能光電板。也有將太陽能光電板及屋瓦合為一體的款式，消費者可依需求選擇。

　　至於規模更大的東西，則有符合節能需求的太陽能發電系統，它可以作為產業大樓、工廠等的部分電力來源。此外，像無法以電纜傳送電力的遠海離島等地，也必須仰賴太陽能發電設備來製造島上必需的電力。

　　即使進入外太空，還是在太陽能電池的應用範圍內。許多圍繞著地球運行的人造衛星，就是利用太陽能電池來運作。不管是貼在衛星表面的太陽能光電板，或是構造像翅膀一樣伸展開來的太陽能光電板，人造衛星就是憑藉這些太陽能光電板，接受來自太陽的光線，製造了衛星運作所需的電力。

　　另外，也有利用太陽能電池生產的電力，來使馬達運轉以驅動的太陽能動力車及太陽能動力船等。各地舉辦的太陽能動力車及太陽能動力船的比賽，參與的通常都由社團、高工與大學等研究單位，和企業、社會團體等所製作的太陽能動力車及太陽能動力船。只是，比較環保的太陽能動力車及太陽能動力船，還無法像藉由燃燒化石燃料來運轉的汽車、船舶一樣普及，目前仍停留在興趣發展及研究的階段，尚無法達到實用化。或許有朝一日，真正實用化的階段將會到來吧。

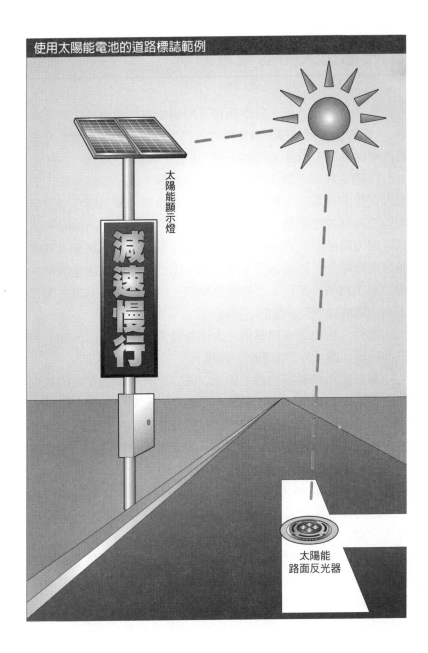

使用太陽能電池的道路標誌範例

太陽能顯示燈

減速慢行

太陽能
路面反光器

住宅用太陽能發電系統

太陽能發電系統，就是指為了節省能源而使用「太陽能電池」，來製造供應一般家庭使用的電力，或是在無法設置輸電線路的離島鄉鎮，設置可提供數十戶住宅使用的電力系統。

太陽能電池所製造的電力屬於直流電，而一般住宅使用的電力則是交流電。太陽能電池生產的直流電，無法直接傳送至使用交流電的住宅裡，因此必須利用「逆變器」（Inverter），或是「電力調節器」（Power Conditioner）等裝置，先將直流電轉換為交流電後，再輸送至用電住宅。由此可知，太陽能發電系統的基本組成，不只有太陽能光電板，還包括了可以將所製造的直流電轉換為交流電的逆變器。

此外，根據用途與結構，太陽能發電系統也可以分為「獨立型系統」與「併聯型系統」兩種。

獨立型系統顧名思義，就是以獨立方式來製造電力的太陽能發電系統。這類系統主要應用於離島或山區小屋等無法從大規模發電廠配置輸電線路的地區。這種太陽能發電系統，除了太陽能光電板、連接箱、逆變器，還能搭配一種可充電式二次電池──「鉛蓄電池」。

二次電池會將太陽能電池接受光照而製造的電力儲存起來。在晴朗、陽光充裕的白天裡，會產生較多的電力，而使用者在利用太陽能電力的同時，還可將多餘的電能，送至二次電池內儲存。至於在陰天或是下雨的日子裡，太陽能電池產生的電力較少，因此同時需要太陽能電池製造的電力與二次電池蓄積的電力。當然，太陽能電池也無法在晚上製造電力，所以必須依靠二次電池所儲存的電力，來運作電器用品與設備。

另一種「併聯型系統」又是如何運作的呢？

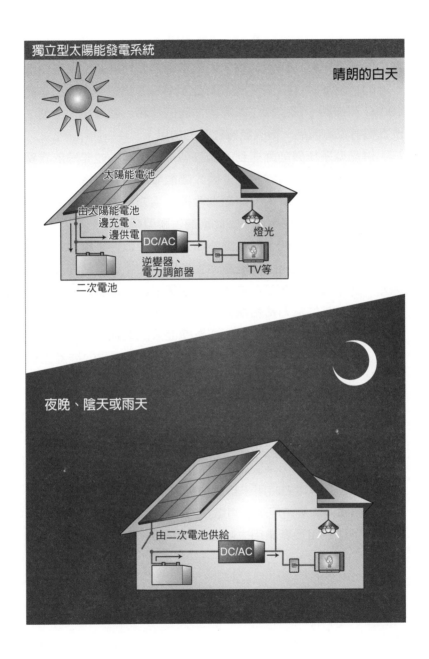

這裡所提到的電力「系統」，是指電力公司輸送電力至各個家庭的輸電網絡。換句話說，也就是電力公司透過線路來供應一般的「用電」。經由輸電網絡輸送到各個家庭的110V（日本為100V）交流電，讓連結住家電線插座的冰箱、微波爐、空調、洗衣機等家電製品，得以發揮它們的功用。

併聯型系統與前面提到的獨立型系統不同，並非只依靠獨立的系統來發電、用電，而是將太陽能發電系統與電力公司的供電系統連接，合併太陽能電池製造的電力及電力系統供應的電力後，再向外輸送用電，因此稱為併聯型系統。

這一種發電系統，在太陽能電池可以製造較多電力的晴朗白天裡，會優先使用太陽能電池生產的電力；此時若有多餘的電力，並不會儲存在二次電池內，而是透過連接於住宅的輸電網絡，將多餘的電力賣給電力公司。至於在陰天與雨天裡，太陽能電池製造的電力較少時，或是晚上太陽能電池無法製造電力時，則是透過供電網絡，取得向電力公司購買的能源來使用。

從整體設備來看，併聯型系統包括了太陽能光電板、逆變器，以及取代二次電池的「分電盤」。透過「分電盤」，就能與外部的電力公司輸電網絡連接，並可依照太陽能電池的發電量及電力的消耗程度，來決定切換電力的流入與流出。此外，還包括在販售多餘電力時用來量測電量的「賣電電錶」，和電力不足、必須購入電量時用來量測電量的「買電電錶」。

目前住宅用及產業用太陽能發電系統，實際上以併聯型系統居多。

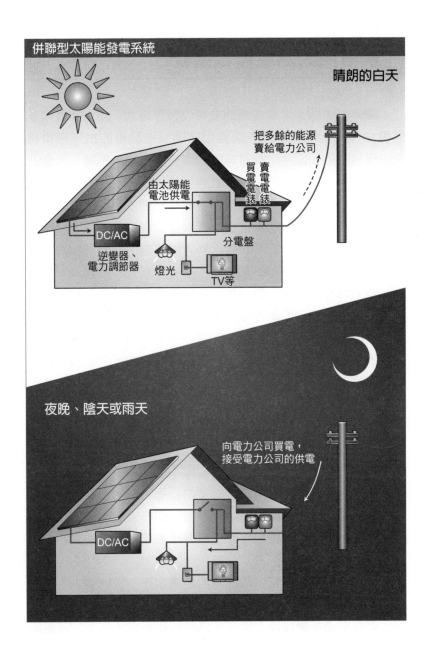

併聯型太陽能發電系統

晴朗的白天

把多餘的能源
賣給電力公司

由太陽能
電池供電

買電電錶

賣電電錶

DC/AC

逆變器、
電力調節器

分電盤

燈光

TV等

夜晚、陰天或雨天

向電力公司買電，
接受電力公司的供電

DC/AC

產業用太陽能發電系統

只要有光線，太陽能電池就可以製造電力。而太陽能電池的壽命長短，雖然依其表面強化玻璃及樹脂膜的長年污損情況、模組內的樹脂劣化程度等因素而有所不同，不過，大致上還是有20年以上的使用時間。此外，太陽能電池並沒有像發電機般的機械式作動部分，因此不會因為長期使用而造成磨損，也不會因為機械損壞就無法運作。一旦設備組裝完成，幾乎就不需要維護。所以，公共設施、私人營業場所、交通相關設備等，皆紛紛採用太陽能發電系統。

以公共設施來說，有些地方自治單位的建築物、辦事處、學校、文化和體育設施等場所，都已利用設置在建築物屋頂或壁面上的太陽能光電板所製造的電力，來作為照明或空調設備的電源。在私人營業場所方面，也是將太陽能光電板設於辦公室、工廠、醫療福利機構等屋頂或其他地方，以其所生產的電力，來運作照明及空調設備。

另外，也有一些毗鄰而建的住宅區和公寓，已導入大規模太陽能發電系統，以提供該住宅區、公寓的部分用電；其他如火車站，也可以看見架設太陽能發電系統的例子。這些地區，通常都是設置可將多餘用電賣給電力公司，同時也能向電力公司購買電力的併聯型系統。如果遇上地震等災害而造成該地區電力供應中斷時，這種太陽能發電系統便可立即發揮緊急供電的功能。

獨立型太陽能發電系統的應用範圍也正不斷地擴大。在身邊可見的事物中，包括了公園的街燈，也開始採用太陽能的類型；而在交通相關設備方面，太陽能發電系統大多用於道路照明、警示交叉路口與路邊的反光標識等用途。除此之外，像水

井、農業用的節流池等設備，和用來汲水、將水送往田地的灌溉用幫浦，同樣也是利用太陽能發電系統的電力來發電。還有包括偏遠地區的無線電中繼站、守護船隻安全的燈塔等，也都已導入太陽能發電系統。更大型的設備，就是在無法倚賴輸電線路輸送電力的離島等地區所設立的太陽能發電廠了。

三洋電機工業用太陽能發電系統太陽能方舟的外觀（上）與內部（下）

離島的太陽能發電系統

日本是由許許多多的小島組成，這些散布在遠海的離島，當前最大的課題之一，就是電力供應不夠穩定。因為無法在海上建造鐵塔、架設並拉出漫長的輸電線路，所以無法將本島的電力送至離島。從以前開始，離島地區就以柴油為燃料，利用柴油發電設備來發電。而作為燃料的柴油，則是透過船隻、經由海運運送而來，可以說燃料的運送工作不僅耗時，費用也相當龐大。一旦碰到天候不佳、海象不清楚時，當然也就無法進行運送。所以，這種從島外補給燃料的電力供應系統，便經常處於不穩定的狀態，有時候離島地區還可能因此停電 2 至 3 週。

在離島這樣的環境下，如果能善用結合「太陽能電池」與「鉛蓄電池」等二次電池的獨立型太陽能發電系統，將可大幅改善過去供電不穩的狀態。即使是在離島或山區這些難以建造發電廠的地方，依然可以裝設太陽能發電系統。只要有日光，太陽能電池就可以製造電力，不須等待來自島外的燃料。不過，太陽能電池生產的電量，卻會受到天候左右，只要在陰天或雨天，發電量就會降低；而到了夜晚，太陽能電池就完全無法製造電力。也因此，離島地區所使用的太陽能發電系統，必須透過太陽能電池與二次電池的組合，將太陽能電池所產生的電能，儲存在二次電池裡。一旦太陽能電池的發電量降低，原本儲存在二次電池裡的電力即可補上，以讓電力供應系統的運作維持穩定。

太陽能發電系統可將太陽能電池及二次電池製造的直流電，透過逆變器轉換為交流電，然後傳送至各個家庭中使用。此外，在一些離島地區所架設的海水淡化裝置，也是運用太陽能電池，將海水轉化成生活用水源。

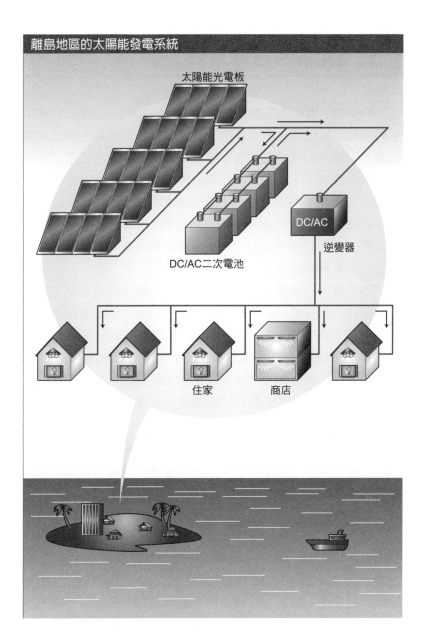

離島地區的太陽能發電系統

太陽能光電板

DC/AC

逆變器

DC/AC二次電池

住家

商店

住宅用燃料電池系統

藉由氫、氧反應來產生電力的「燃料電池」，目前已針對如何將其應用於住宅上，進行研究開發工作。燃料電池不但能製造電力，還能因其中的化學反應獲得熱能。這個熱能可以用來燒水、供應熱水，或是作為暖氣的熱源。像這種能產生電力，發電時所製造的熱源又可以利用的狀態，就稱為「汽電共生」（Co-generation）。汽電共生因為可以利用和電力同時產生的熱能，所以，它的能源效率比一般發電設備更高，可說是毫不浪費的一種能源系統。

目前我們一般使用的電力，主要是依靠火力發電廠、核能發電廠與水力發電廠所製造；透過遠方的大型發電設施生產電能，再經由輸電線路輸送至住宅。在火力發電廠與核能發電廠，則是藉由燃燒石油等燃料，或利用核能所製造的大量熱能，來推動渦輪運轉，然後由連接渦輪的發電機製造出電力。在製造電力的過程中，雖然同樣會產生熱能，但發電廠能送到位在遠端的住宅的能源，卻只有電力而已。

在使用發電廠所製造的電力時，能源效率僅有35%左右。但燃料電池卻因為使用場所在近距離範圍內，因此製造的電力與熱能皆可被有效利用（汽電共生），而使綜合能源效率提高至70%～80%。

目前可望安裝在住宅使用的燃料電池，主要是「固態質子交換膜燃料電池」（Proton Exchange Membrane Fuel Cell）。固態質子交換膜燃料電池，具備了適合住宅使用的特點，包括小型化、輕量化，以及可發電溫度接近常溫等。所以，不論是起動、停止均容易執行。至於該如何穩定提供氫氣給燃料電池，在這方面目前雖已有多種提案，但現階段最為可行、最主要的

發展方向，應該還是利用基礎建設皆已完備的天然氣、筒裝瓦斯等，在將其改質（Reforming）後取得氫氣，再供燃料電池系統使用的方式。

因此，住宅用燃料電池的結構包括了將天然氣等原燃料轉換為氫氣的「改質器」、供應燃料氧化所需氧氣的「空氣供應裝置」、燃料電池本體，以及將燃料電池製造的直流電轉為交流電的「逆變器」，再加上回收燃料電池所產生熱能的「排熱回收裝置」等。

經由燃料電池，便可以獨力生產出住宅所需的全部電力。而燃料電池和太陽能發電系統一樣，都以「併聯型系統」為優先應用方式。這種方式具有可從他處獲得不足的電力，同時又能販售多餘能源的雙重特點。

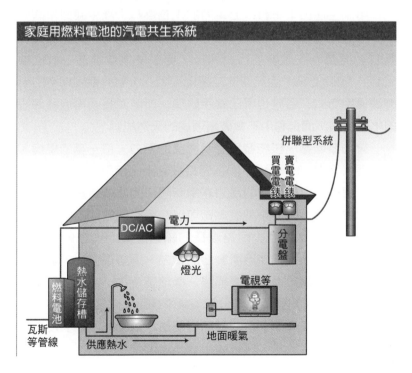

家庭用燃料電池的汽電共生系統

併聯型系統

買電電錶　賣電電錶

DC/AC　電力

燈光

電視等

分電盤

燃料電池

熱水儲存槽

瓦斯等管線

供應熱水

地面暖氣

分散型發電網路

　　日本的電力製造，主要以大規模集中型發電系統為主。大型發電設備所製造的大量電力，經由輸電線路可送至遙遠的地區，供應電力給大範圍的地區使用。

　　在二〇〇〇年一年之間，日本總共製造、消費的電量約9,400億kWh。其中55%左右的電力，是以燃燒天然氣、煤炭、石油等化石燃料的火力發電廠所製造；另有約34%的電力是由核能發電廠生產；剩下10%左右的電力，則是由水力發電廠製造；其餘不到1%的電力，主要是由地熱或風力發電等新能源提供。

　　用來生產日本半數以上電力的化石燃料，幾乎都仰賴國外進口。只是化石燃料的蘊藏有限，即將面臨枯竭的問題也令人憂心。再者，在燃燒化石燃料時，還會使大氣中的二氧化碳（CO_2）濃度上升，而加速地球暖化。因此，對於備受期待的新能源運用方式，各界也早已著手研發。新能源將不再依賴傳統的化石燃料，而是利用不會破壞環境的天然能源。

　　火力發電廠、核能發電廠所製造的電力，每一基的規模、都高達10萬至100萬kW。與它們相較之下，使用新能源的發電設備，每一基所能製造的電力非常有限，因此就需要設置許多的小型發電廠。由於小型發電廠可以在距離用電地區較近的地點發電，所以也能減少因為漫長的輸送距離而造成的送電損耗，可以較無浪費地使用所製造的電力。這些規模小、數量眾多的新能源發電設備，就像網眼一樣地連接在一起、相互串連提供電力，此種方式稱為「分散型發電網路」。在這類分散型發電網路的發電設備中，最受矚目的便是「太陽能電池」及「燃料電池」了。

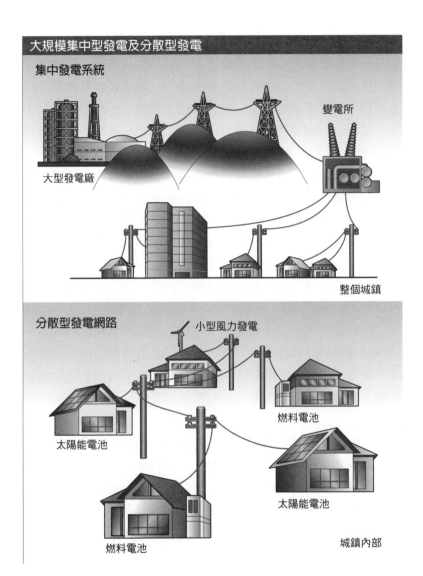

大規模集中型發電及分散型發電

集中發電系統

變電所

大型發電廠

整個城鎮

分散型發電網路

小型風力發電

太陽能電池

燃料電池

燃料電池

太陽能電池

城鎮內部

由太陽能電池構成的太陽能發電系統，是利用太陽能光電板受光來製造電力；而燃料電池是以氫氣、天然氣、酒精等，與空氣中的氧氣結合為燃料來製造電力。兩者都非常乾淨，不會排放出污染環境的物質，也不會製造噪音、振動等公害。因此，它可以設置於需要大量電力的都市附近，專門供應所需電力。

另外，目前大規模的火力發電廠與核能發電廠，都因為安全上的考量，必須建造在距離用電區相當遙遠的場所，也因此無法有效利用其所產生的熱能，甚至只能將熱能當成廢熱排放於大自然之中。這種做法也對環境帶來了不良影響。相反地，可以設置在用電場所也就是都市附近的燃料電池，其發電設備可有效地利用發電時所產生的熱能，形成汽電共生系統，能源效率因而能大幅提高。

燃料電池也分為多種類型，但每一種都有其適當的規模。「熔融碳酸鹽燃料電池」將可取代數十萬kW規模的火力發電設備，而「固體氧化燃料電池」則可取代數萬kW規模的火力發電設備。另外，這兩種高溫型燃料電池也都能利用排熱來進行渦輪發電。

目前已進入實用化階段的「磷酸燃料電池」，發電規模可望達到200kW。以大樓、飯店、醫院、公寓等單位先行導入，更符合分散型發電網路的特性。至於可實現更小規模發電的「質子交換膜燃料電池」，則是以一個家庭用戶為單位，生產約1kW至2kW的電力，現階段正進行實用化的研究與改進。像這些能大幅提高綜合能源效率、利用排熱來製造熱水的汽電共生系統，其相關研究目前都在持續發展中。

能源效率的比較

火力發電

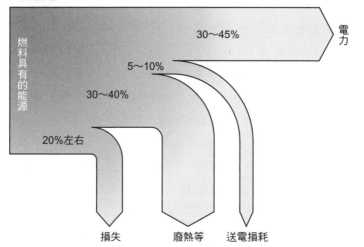

燃料具有的能源

30～45%　　電力

5～10%

30～40%

20%左右

損失　　廢熱等　　送電損耗

燃料電池汽電共生

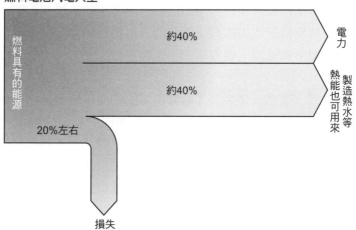

燃料具有的能源

約40%　　電力

約40%　　製造熱水等熱能也可用來

20%左右

損失

不斷電系統

「不斷電系統」雖然主要是使用二次電池的「鉛蓄電池」，但一些較小的裝置，則會採用「鎳鎘電池」。規模更大的不斷電設備，則是以「NaS電池」為主。

事實上，被我們視為空氣一般的電力，經常會因為打雷或輸電的電力系統故障，而導致停電的情況。目前日本所使用的電力系統相當優秀，也具備可盡量避免停電的機制，即使因為發生意外而無法送電，仍可立即改由其他系統來輸送。即使有極短暫的停電時間，之後也會立刻恢復供電。在日常生活當中，並不會因為這短暫的停電而產生困擾。

然而，如果在醫院中正在進行手術時發生停電，造成維繫病患生命的醫療設備停止運轉，就會變成攸關人命的大事了。當這種情況發生時，能取代已停電的系統並立即送電的裝置，就是不斷電系統。像是大樓或飯店等場所，都設置了不斷電系統。在緊急情況或災害發生後，為能供應建築物內的照明及電梯等設備所需電力，還可藉由不斷電系統在一定時間內恢復運作。

此外，還有一種名為「瞬間停電」的停電情況，它的停電時間不到1秒，只是非常短暫的停電而已。當發生瞬間停電時，幾乎大部分的電器都不會受到任何影響，並能持續運作。但是對電腦系統設備而言，就可能因此出現錯誤的動作。尤其像現在資訊通訊方面的社會基礎建設、銀行的連線系統，以及許多企業的業務系統等，全都是經由電腦運作，這些電腦一旦停止運作或是出現錯誤動作，將會造成極大的混亂與困擾。為避免電腦因為停電而關機，甚至引發任何狀況，就要依靠不斷電系統。

　　不斷電系統是由二次電池與變頻器（Variable-frequercy Drive）、逆變器（Inverter）所構成。一般而言，不斷電系統是直接使用電力系統送來的交流電，並透過逆變器的功能，將交流電整流為直流電，並對二次電池進行充電的動作。當不斷電系統檢測出停電的情況時，便會將二次電池內儲存的直流電，透過逆變器變換為交流電，立即替代電力的供應。

不斷電系統的架構

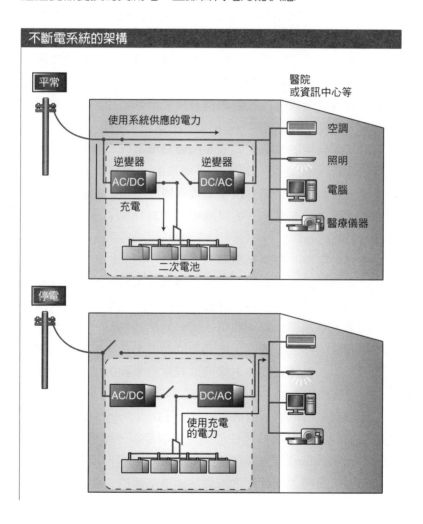

平常

醫院
或資訊中心等

使用系統供應的電力

逆變器　　　逆變器
AC/DC　　　DC/AC

充電

二次電池

空調
照明
電腦
醫療儀器

停電

AC/DC　　DC/AC

使用充電
的電力

於外太空活用的電池

　　地球的外圍環繞著許多由世界各國發射的人造衛星。人造衛星的用途廣泛，包括：氣象、通訊及播放、航行與定位、地球觀測、宇宙觀測、技術開發等，這些由世界各國發射的人造衛星，總數將近5,000個。而這些人造衛星的動力來源，就是太陽能電池與二次電池。

　　當人造衛星在有陽光照射的地方飛行時，使用的是太陽能受光發電的電力，同時還能將所產生的部分電力儲存至二次電池中。當人造衛星飛行於被地球及其他星球遮蔽而無陽光照射之處時，就會汲取二次電池裡所儲存的電力來使用。

　　通常太空用的太陽能電池多為裝有單晶矽半導體的太陽能電池。然而，最近採用砷化鎵半導體的太陽能電池也日漸普及。砷化鎵具有能將陽光以極高效率轉換為電力的優點。一般來說，「矽太陽能電池」的轉換效率約為14%，「砷化鎵太陽能電池」則約為17%。

　　在外太空裡，充滿著具有高能量的宇宙放射線粒子。繞行地球大氣層外的人造衛星，隨時都曝露在這些宇宙放射線粒子之中。當人造衛星被高能量的放射線粒子以猛烈的速度撞擊時，將會出現漏電、異常放電、材料劣化等情況。宇宙放射線也會以同樣的方式，撞擊人造衛星的動力來源，也就是太陽能電池。所以，為防止因放射線造成異常現象與劣化，一般都會在太陽能電池的表面，包覆玻璃製的外罩。

　　人造衛星的形狀，包括了以自旋穩定（Spin Stabilization）控制姿勢的圓筒形、多角柱形衛星，以及以三軸穩定（Three Axis Stabilization）方式運行的箱形衛星。圓筒形及多角柱形的人造衛星，是將太陽能電池放置於衛星本體的表面上；而箱形

人造衛星的太陽能電池

人造衛星，則是在像機翼一般地伸展的太陽能光電板表面，貼附太陽能電池。

此外，飛行於外太空的機器，還有美國太空總署（National Aeronautics and Space Administration，NASA）所發射的太空探測船，例如：航海家號（Voyager）等，它會飛行到距離地球相當遙遠的地方，以探勘太空中的情況。因為這種設備飛行在與太陽相距甚遠的地方，目的在於觀測宇宙的環境，然後再將資料傳送至地球，因此，它無法像繞行在地球周圍的人造衛星衛星一樣，運用太陽能電池立即製造電力。所以，目前這些太空探測船的電源，是使用可供應無數年電力的「原子能電池」。原子能電池以放射性同位素（Radioisotope）為熱源，在其周圍配置了許多的熱電元件，以取得電力。航海家號能從太陽系

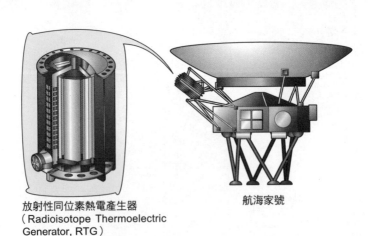

航海家號的原子能電池

放射性同位素熱電產生器
（Radioisotope Thermoelectric
Generator, RTG）

航海家號

的外圍，順利將冥王星的照片傳送回來，並且持續運行20年以上的時間，原子能電池可說是厥功甚偉。

三浦摺疊

在外太空像翅膀一樣開展的太陽能光電板，爲減少作業的麻煩，在發射升空時，會先以摺疊的方式收起來。而這種摺疊方法，是由日本東京大學的名譽教授三浦公亮所發明，因而稱爲「三浦摺疊」。由於這種摺疊方法在摺疊時，可將摺線的地方一一錯開重疊，因此能縮得更小、更密實，而且在伸展、摺疊過程中，只須抓住角落與角落，便能將其張開、縮小，迅速完成打開或摺疊的動作。可以收得很緊密，加上使用簡單，確實是非常方便的摺疊方式。

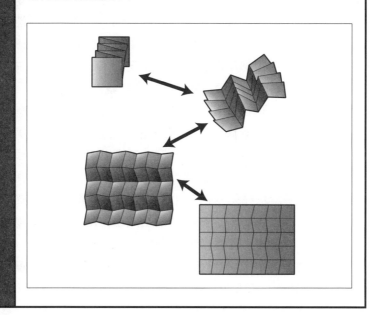

汽車與電動車的電池

在路上有許許多多的車子奔馳，包括：摩托車、輕機車、小型汽車、家庭房車、跑車、巴士、卡車等。目的可能是通勤、休閒、送報、摩托車宅配、宅急便或長距離配送等，雖然各有不同，但車子可說是人與物體移動不可或缺的工具。

汽車是利用引擎燃燒汽油或柴油來行進。汽車上還搭載了在夜間行走時用來照亮道路的大燈、轉彎時通知其他車輛及行人轉彎方向的方向燈、讓別人知道自己踩下煞車減速的煞車燈等照明設備、拭除擋風玻璃上的雨滴的雨刷、用來開關窗戶的電動車窗馬達、收音機及汽車音響，以及汽車導航系統等使汽車行駛更安全、舒適的電器設備，還有發動汽車、讓引擎起動的發動機，也就是馬達。透過「鉛蓄電池」的使用，就能讓以上設備得以起動。鉛蓄電池是可以充電的二次電池，經由附屬於引擎的小型發電機所製造的電力來充電，同時也能提供方向燈點滅、雨刷動作、汽車音響播放音樂的電力。

除此之外，現在還有以馬達取代引擎的電動車。電動車因為不是燃燒汽油或柴油，僅靠電力使馬達運轉，所以不會排放廢氣又安靜，是很環保的設計。在一般道路上，雖然還很少看到電動車的蹤影，但是在山區或高原等觀光地區，為了保持環境的空氣清新與安靜，在當地就會使用電動車來做為交通工具。另外，像在倉庫等比較封閉的空間裡，用來裝卸貨物的堆高機等作業用車輛，同樣也是使用電動車。

能讓電動車移動的電源，可以使用鉛蓄電池或「鎳氫電池」、「鋰離子二次電池」等。在車子行進、踩下煞車時，馬達就可以發揮和發電機一樣的作用，對電池進行充電動作。基本上來說，電動車是消耗電池的電力來行進，因此會需要非常大

的電池。當車子停駛後，電動車就必須在車庫等地方，透過插座取得電力，為裝在車子裡的電池充電，來備妥第二天所需的電力。

電動車的系統

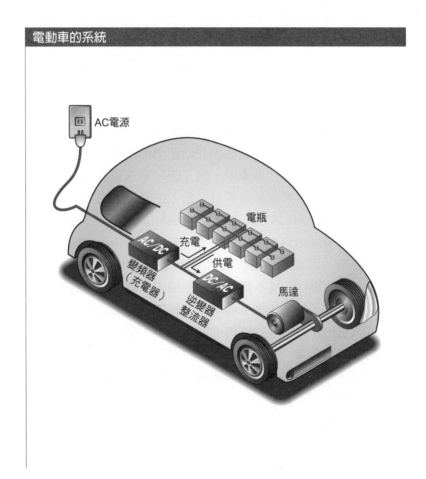

AC電源

AC/DC

充電

電瓶

供電

DC/AC

變頻器
（充電器）

逆變器
整流器

馬達

油電混合車的電池

　　油電混合車可依靠引擎與馬達兩種動力行駛。這種車結合了在高速回轉時可輸出動力的引擎，以及在低速回轉時可輸出較大動力的馬達，如此一來，不但能減少廢氣中氮氧化物（NOx）、硫氧化物（SOx）等污染大氣的有害物質，同時還可減少汽油消耗量，有效率地行進。

　　油電混合車裝置有「鎳氫電池」、「鋰離子二次電池」、「鉛蓄電池」等可充式的二次電池來驅動馬達。發動汽車時，先利用電池裡儲存的電力，並使用在低速情況下能輸出較大動力的馬達來驅動。汽車行進當中，為了使效率達到最高，所以設計成能配合速度來調節引擎與馬達動力的使用。如果想要快速前進，也會自動切換成在高速情況下能輸出較大動力的引擎。

　　引擎本身就附有大型的發電機，在行進當中，引擎除了驅動汽車之外，同時也會產生電力、為電池充電。當車子行進時，電池會放電使馬達不斷運轉，並接收發電機送來的電力持續充電。當車子速度放慢或停下來、踩下煞車的同時，馬達就會像是發電機一樣，開始對電池進行充電。這種行進當中可以充電的油電混合車，不須像電動車得為下一次行駛預先儲備電力，因為它同時也可利用引擎的動力，所以車上裝設的電池比電動車小得多。

　　和普通的汽車一樣，油電混合車可以直接在加油站補充燃料，也不需要連接插座充電，目前已有數家汽車公司推出了商用化的車種，包括小型汽車、一般汽車、卡車、麵包車和大型巴士等皆有販售。

油電混合車的系統架構

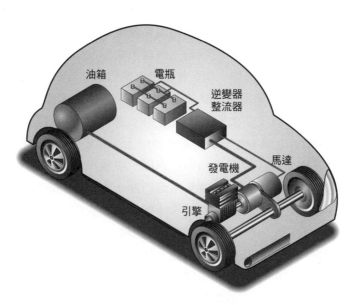

油箱　　　電瓶

逆變器
整流器

馬達

發電機

引擎

燃料電池汽車

目前搭載燃料電池的汽車，已被全球汽車廠商視為新世代的車種，因而競相展開燃料電池汽車的開發。燃料電池汽車是利用燃料電池製造的電力，來驅動馬達運轉、使車子前進的一種電動型汽車。燃料電池汽車和現有燃燒汽油等化石燃料來使引擎運轉的汽車不同，燃料電池汽車不會製造噪音，也不會排出污染空氣的有害廢氣，可說是對環境影響最小的汽車。

燃料電池是利用氫與氧來製造電力。搭載於汽車上的燃料電池，屬於「質子交換膜燃料電池」，此種電池的操作溫度介於常溫至100℃之間，溫度低、起動及停止時間短，而且體積小。氧氣就在空氣中，所以燃料電池汽車只要蓄積氫氣，然後再將氫氣送至燃料電池，即可驅動汽車行進。燃料電池汽車不像使用「鉛蓄電池」、「鎳氫電池」、「鋰離子二次電池」等二次電池的電動車，因為燃料電池並不需要充電。

但燃料電池仍有待解的課題。最大的問題就是，該如何將用來製造電力的氫氣燃料蓄積在汽車上？除了儲存的方法，還有如何供應氫氣給汽車等基礎建設的問題。目前各界已經針對這些問題進行研討。

將氫氣存放在汽車上的方法，包括將氫氣填充至高壓氣體罐、以儲氫合金吸收氫氣，也可以直接以氣體的狀態儲存，或是將氫氣以極低溫液態氫的型式填充到保冷槽內。其他還有在車上預先放置許多含有氫氣的常溫液態燃料，如甲醇或汽油，等到需要時，再從中取得氫氣來使用的方式；這種情況便需要透過「改質器」的裝置，來取得氫氣。現階段中也開發出能直接將甲醇當成燃料使用的「直接甲醇型」（Direct Methanol）燃料電池。

　　至於在燃料供應的基礎建設方面，如果是使用改質汽油的車種，均可直接到現有的加油站購買補充。另外，像供應氫氣、甲醇的加氫站，或是供應酒精的加油站等，也都在研討之列，其中加氫站已進入實驗階段。

燃料電池汽車的系統架構

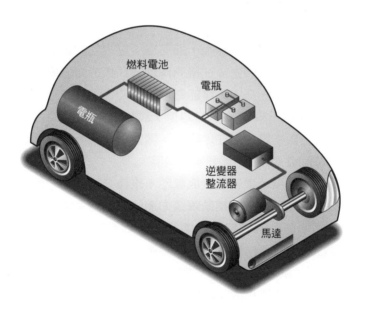

燃料電池　　電瓶

電瓶

逆變器
整流器

馬達

電動輔助自行車的電池

　　不論老少都可以輕鬆騎乘的交通工具，應該就是自行車了，而且它也不需要駕駛執照，只要拼命踩動腳踏板，就可以產生20km/h～30km/h的速度，舒服地迎風前進。在平地或下坡路段，騎自行車的確可以不費力地前進，但若是從停止的狀態開始起步，或煞車後再出發時，踩腳踏板的力道就得比較大。此外，當騎到上坡路段時，腳踏板也會立即變得沉重，騎士必須花費更多的力氣才能前進。所以，有時候還必須中途下車、牽著自行車往前走。

　　於是，只要輕踩腳踏板，即可產生動力往前走的「電動輔助自行車」便應運而生。在檢測踩踏腳踏板的力道後，就可將其中一半的費力，交由馬達的電力來輔助。這種動力輔助控制裝置，讓我們只須用一半的力量，就能踩動腳踏板，包括起步、上坡，皆能輕鬆自在地騎乘。電動輔助自行車只是提供一半人力的輔助，所以不需要駕駛執照。

　　電動輔助自行車就是依靠電池，來作為輔助動力馬達及控制裝置的電源。在驅動輔助踩踏力道的馬達時，需要相當大的電能，因此電動輔助自行車的電源，裝置了可釋放大電流的「鎳鎘電池」或「鎳氫電池」。鎳鎘電池是可以承受「過放電」、「過充電」的電池類型。在尺寸相同的情況下，鎳氫電池的電容量是鎳鎘電池的兩倍大；若以相同電容量來看，鎳氫電池的尺寸只需要鎳鎘電池的一半，因此有助於電動輔助自行車的輕量化與小型化。

　　另外，最近市面上還有一些非輔助式、完全利用馬達來驅動的電動機踏車、電動機車和電動滑板車等「電動雙輪車」的商品出現。這些電動雙輪車以馬達取代引擎，並且採用電池驅

動，不但聲音小、不會排放廢氣，也沒有排氣噪音，可說是很環保的綠色交通工具。目前每充電一次約可行走30km，還無法行走太長的距離，而且需要駕駛執照才能於公路行駛。但因為它的安靜、環保特性，所以很適合在街道中短程移動。像這類電動雙輪車，通常搭配的電池是「密閉型鉛蓄電池」或「鋰離子電池」。

電動輔助自行車

電瓶

太陽能動力車＆太陽能動力船

太陽能動力車或太陽能動力船，是利用貼附在車體（船體）上的「太陽能光電板」來製造電力，並藉以驅動馬達，使輪胎或螺旋槳轉動，進而在地面或水面上行走。目前，太陽能動力車和太陽能動力船均尚未達到實用化的階段，而是由高工職校以社團活動的方式，或是大學、企業的研究主題，還有一些人是為了興趣而製作。另外，以太陽能動力車或太陽能動力船為主題的比賽，都曾在各地舉辦。在這類比賽中，又分成到底能跑多快的競速比賽，以及究竟能跑多遠的耐久賽等。

太陽能動力車或太陽能動力船的電源，皆由太陽能光電板與可充電的二次電池構成。其中的二次電池使用了「鉛蓄電池」、「鋰離子二次電池」等類型。在晴朗的天氣裡，太陽能動力車或太陽能動力船，可以依賴太陽能電池產生的電力行駛，停駛時，太陽能電池製造的電力便會儲存至電池裡；在陰天或夜晚，則是利用儲存在電池裡的電能來行駛。

太陽能動力車或太陽能動力船都做足工夫，要讓陽光可以更有效率地轉換為電能。為使電池裡能存放更多太陽能電池所製造的電力，因此裝設了最大功率追蹤系統（Maximum Power Point Tracker, MPPT）。太陽能電池所製造的電力電壓，會因為當時的光線強度及負載狀態等產生變化，而且電池還必須保持一定的電壓。若是太陽能電池製造的電力電壓比電池電壓過高或過低時，就無法直接為電池進行充電。透過最大功率追蹤系統，就可以將太陽能電池製造的電力電壓，轉換成可以為電池充電的電壓，以進行充電的動作。

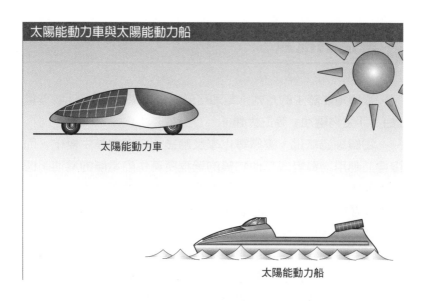

太陽能動力車與太陽能動力船

太陽能動力車

太陽能動力船

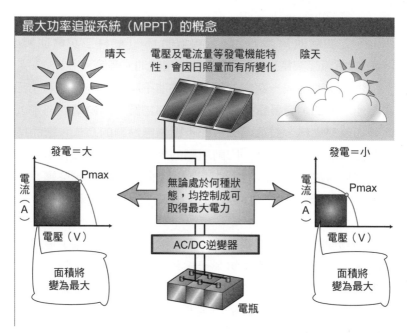

最大功率追蹤系統（MPPT）的概念

晴天　電壓及電流量等發電機能特性，會因日照量而有所變化　陰天

發電＝大

電流（A）

Pmax

電壓（V）

面積將變為最大

無論處於何種狀態，均控制成可取得最大電力

AC/DC逆變器

電瓶

發電＝小

電流（A）

Pmax

電壓（V）

面積將變為最大

電池的種類

　　根據電能產生的方式，電池可分為「化學電池」、「物理電池」、「生物電池」等三大類。

　　物質經過氧化、還原等化學反應後，結構會產生變化，而取得並應用物質變成其他物質的過程所產生的電能的電池，即為化學電池。目前我們在各種場合、各種用途所使用的電池，幾乎都屬於化學電池。化學電池還可以再分類為「一次電池」、「二次電池」和「燃料電池」。

　　所謂一次電池，指的是用完後便不能再使用的電池。一次電池包括有：「錳鋅乾電池」、「鹼性乾電池」、「有機電解液電池」、「空氣電池」、「儲能電池」、「熔融鹽電池」等等。

　　二次電池則是當電能用完後，經由充電又可以重複使用的電池。二次電池有：「鉛酸二次電池」、「鹼性二次電池」、「有機電解液二次電池」、「電力儲能用電池」等等。

　　燃料電池則與一次電池及二次電池不同。在一次電池、二次電池的內部，有著會發生化學反應的物質，燃料電池則是以此類物質為燃料，並透過由外部不斷供應燃料的方式，進而持續製造電能的一種電池。目前所謂的燃料電池，是指利用氫、氧為燃料的電池，例如：「磷酸燃料電池」、「熔融碳酸鹽燃料電池」、「固態氧化物燃料電池」、「質子交換膜燃料電池」等等。

　　而物理電池是將光或熱等能量轉換成電能的系統，這是不會發生化學變化的電能產生系統。利用陽光產生電能的「太陽能電池」，即為物理電池的代表。另外，像是透過熱能或放射性物質來取得電能的「熱起電力電池」及「原子能電池」等，還有與化學電池的二次電池相同，可充電後再使用的「電雙層電

容器」等，也是經由物理過程來產生電能及儲存電能。

　　生物電池則是利用酵素或微生物的生物化學反應，來產生電能的電池。生物電池包括「酵素電池」、「微生物電池」，以及利用葉綠素光合作用的「生物太陽能電池」等。

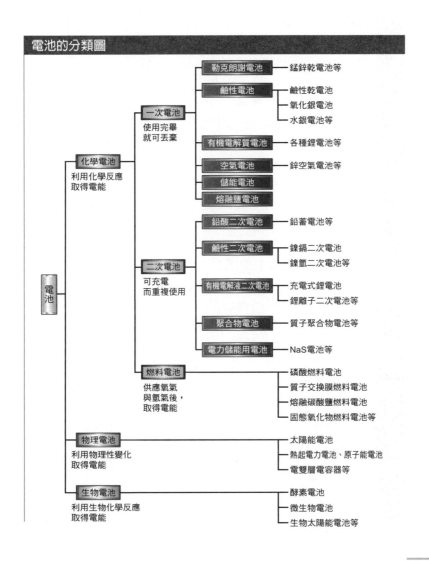

電池的分類圖

一次電池（使用完畢就可丟棄）
- 勒克朗謝電池 ── 錳鋅乾電池等
- 鹼性電池 ── 鹼性乾電池／氧化銀電池／水銀電池等
- 有機電解質電池 ── 各種鋰電池等
- 空氣電池 ── 鋅空氣電池等
- 儲能電池
- 熔融鹽電池

二次電池（可充電而重複使用）
- 鉛酸二次電池 ── 鉛蓄電池等
- 鹼性二次電池 ── 鎳鎘二次電池／鎳氫二次電池等
- 有機電解液二次電池 ── 充電式鋰電池／鋰離子二次電池等
- 聚合物電池 ── 質子聚合物電池等
- 電力儲能用電池 ── NaS電池等

化學電池（利用化學反應取得電能）

燃料電池（供應氧氣與氫氣後，取得電能）
- 磷酸燃料電池
- 質子交換膜燃料電池
- 熔融碳酸鹽燃料電池
- 固態氧化物燃料電池等

物理電池（利用物理性變化取得電能）
- 太陽能電池
- 熱起電力電池、原子能電池
- 電雙層電容器等

生物電池（利用生物化學反應取得電能）
- 酵素電池
- 微生物電池
- 生物太陽能電池等

電池

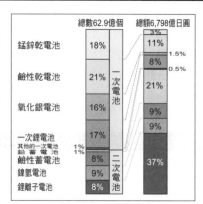

電池產量如此龐大

光是二〇〇一年1年間的電池產量，便高達62億9,000萬個，金額則多達6,798億日圓。其中一次電池為46億6,000萬個，占了總數的74%，二次電池則是16億3,000萬個，占了26%。

產量最高的電池是「鹼性乾電池」，市占率為21%，產值在總產量的1/5以上。其次則是從以前就被廣泛使用的「錳鋅乾電池」，占了18%。第三位是17%的「鋰電池」，第四位是16%的「氧化銀電池」，產量的第一名至第四名，全被一次電池包辦。接下來依序是占9%的「鎳氫電池」，以鎳鎘電池為主的「鹼性蓄電池」及「鋰離子電池」是8%，「鉛蓄電池」僅僅只占1%。

然而從銷售金額來看，一次電池與二次電池的比例，恰好與產量相反。二次電池的銷售金額高達76%，而一次電池卻只有24%而已。主要是因為二次電池的價格比一次電池來得高，因此對於銷售金額比例有很大的影響。

從銷售數量的消長來看，近年來，錳鋅乾電池的銷售量已逐漸減少，由逐年增加的鹼性乾電池取而代之。此外，氧化銀電池雖也有所增加，但成長最為快速的則是鋰電池。二次電池中，在一九八六年時鎳鎘電池的市占率壓倒性的領先，之後雖然呈現平穩增加的態勢，但自從鎳氫電池及鋰離子電池於一九九四年問世後，鎳鎘電池便開始走下坡，之後鎳鎘電池的銷售情況更是一路下滑，而鎳氫電池與鋰離子電池則呈現快速成長的趨勢。

2

各種化學電池
及其特點

一次電池、二次電池與燃料電池

一般而言，利用化學反應在物質變化過程中產生電能，並將此電能取出應用的化學電池，可依其功能與架構的不同，分成「一次電池」、「二次電池」及「燃料電池」等三大類。

一次電池屬於電能用完後就被丟棄的類型，因為這種電池在發生化學反應、物質變化過程結束並放電後，組成物質就無法恢復成原來的狀態。無法恢復原來狀態的單向化學反應，稱為「不可逆的化學反應」，而一次電池就靠著這不可逆的化學反應取得電能。

二次電池則是在電力用完之後，經過充電便可再次使用的電池。這種電池是先以物質的化學反應取得電能，再以相反方式從外部給予電能後，將它恢復至原來的狀態。而恢復至原來狀態的電池，又可以再次產生電能繼續使用。像這類可以恢復到原來狀態的雙向化學反應，稱為「可逆的化學反應」。二次電池就靠這種可逆的化學反應，而能夠重複使用。

一次電池及二次電池都將可發生化學反應而產生電力的物質，內藏於結構中；還有一種電池是經由外部源源不絕地供應這些物質，並藉此持續產生電能，那就是燃料電池。燃料電池獲得未發生化學反應的物質（即燃料）的供應，並製造出電能後，就會將發生過化學變化的物質排出，而不會囤積在電池內部。所以，只要能持續供應未發生化學反應的物質（＝燃料），燃料電池就可以不斷製造出電能了。

可逆的化學反應與不可逆的化學反應

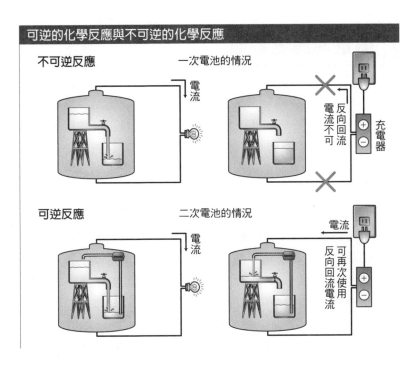

不可逆反應　　一次電池的情況

電流

電流不可

反向回流

充電器

可逆反應　　二次電池的情況

電流

電流

可再次使用反向回流電流

來自外部的燃料供應

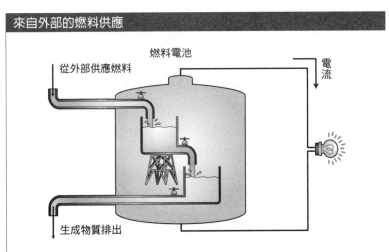

燃料電池

從外部供應燃料

電流

生成物質排出

濕電池與乾電池

也有人將化學電池分成「濕電池」與「乾電池」兩種。化學電池主要是由正極的「正極活性物質」、負極的「負極活性物質」、帶有陽離子與陰離子的「電解液」，及容許特定離子穿過的「隔離膜」四者所構成，而區分濕電池與乾電池的方式，就在於其中電解液的狀態。

濕電池是直接使用液態電解液的電池。濕電池的歷史較為久遠，被稱為近代第一個電池的「伏特電池」，其電解液就是使用稀硫酸溶液。由於電解液是液態，所以當電池傾倒時，電解液就會跟著潑灑出來，因此，電池必須盡可能保持在水平狀態，也就是電池本體不能傾斜、橫躺放置。近年來，濕電池已針對此缺點加以改造，像是利用密閉構造來防止電解液灑出等。比較具代表性的濕電池則是用作汽車電瓶使用的「鉛蓄電池」。

乾電池就不是使用液態電解液，而是使用膏狀（糊狀、凝膠狀）的電解液。所以，即使電池是橫躺、甚至顛倒放置，電池裡的電解液也不會潑灑出來。從很早開始，就有許許多多的研究人員進行開發，嘗試將電解液與石膏粉混合在一起，或是將電解液染於紙上，終於發明了使用方便的乾電池。這類電池不須保持水平狀態，無論是斜放、橫躺、顛倒放置，全都無損其作用，可說是使用起來相當方便的電池。絕大部分的乾電池，都是使用和濕電池相同的電解液，只不過是預先處理過後再利用而已。另外，還有些電池則是填充完全呈固態的電解質。

最具代表性的乾電池，就是在我們日常生活中經常可見的「錳鋅乾電池」和「鹼性乾電池」。目前使用的化學電池，幾乎都以乾電池為主。

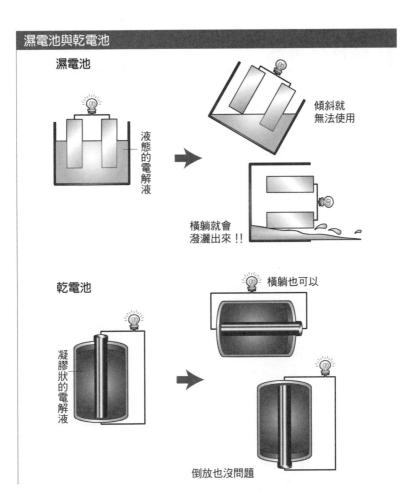

濕電池與乾電池

濕電池

液態的電解液

傾斜就
無法使用

橫躺就會
潑灑出來！！

乾電池

凝膠狀的電解液

橫躺也可以

倒放也沒問題

電極的「混合物」

　　在電池的正極與負極中，除了會發生化學反應而產生電力的「活性物質」外，還有可幫助電池更容易流動的助導劑，以及用來提高電池性能的添加劑等，加上能將全部材料結合在一起的黏結劑（Binding Agent）後，經過混合、攪拌完成所得的物質，就是電極「混合物」（Mixture）。

錳鋅乾電池

「錳鋅乾電池（碳鋅電池）」的歷史最為悠久，而且是最普遍、價格最便宜的電池。錳鋅乾電池通常是以公稱電壓1.5V的「一號電池」、「二號電池」、「三號電池」等圓筒形電池最為普遍。錳鋅乾電池屬於無法充電的一次電池。一般而言，各家廠商均分以紅色與黑色兩種顏色來包裝。黑色包裝代表電池具有強化構造且性能較佳、電容量較多、使用時間較久。

錳鋅乾電池的電容量，雖然比下個單元要說明的鹼性乾電池少了一半，但它在低電流的使用情況下，可以維持很久，所以只要妥善地使用，即可延長電池的壽命。錳鋅乾電池最適合用於手電筒這類不常用的物品，和瓦斯、石油機器自動點火等短時間使用的設備，以及長時間使用但電流小的掛鐘和座鐘等用途上。因為錳鋅乾電池的價格便宜，所以它是多用途且經濟實惠的電池。

錳鋅乾電池的正極使用的是二氧化錳（MnO_2），這也是錳鋅乾電池此名稱的由來。負極的部分則是使用鋅（Zn），而電解液使用的是氯化銨（NH_4Cl）、氯化鋅（$ZnCl_2$）。

從結構來看，具有高抗氧化性的正極碳棒集電棒是位於中心位置，它的周圍則填充正極材料二氧化錳，外圍以隔離膜包覆，之外再填充氯化銨或氯化鋅電解液。所有結構都以同心圓狀裝填在鋅罐（為負極）之中。由於乾電池的容器同時也兼具負極的作用，如果因為開關未關而出現過放電情況，就可能會造成容器破裂而產生漏液的現象。

使用氯化鋅作為電解液的錳鋅乾電池，比使用氯化銨的電池能產生更大的電流。此外，由於在電流流動時，電解液含有的水分會因為化學反應而消耗掉，因此使用氯化鋅的錳鋅乾電

池較不容易發生漏液。包括日本在內的許多先進國家,錳鋅乾電池的電解液大多採用氯化鋅。但從全球來看,以氯化銨作為電解液的電池仍占大多數。

錳鋅乾電池的反應

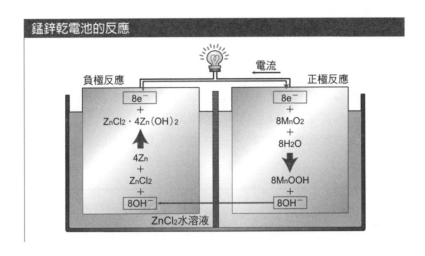

負極反應　電流　正極反應

$8e^-$
$+$
$ZnCl_2 \cdot 4Zn(OH)_2$

$4Zn$
$+$
$ZnCl_2$
$+$
$8OH^-$

$8e^-$
$+$
$8MnO_2$
$+$
$8H_2O$

$8MnOOH$
$+$
$8OH^-$

$ZnCl_2$水溶液

錳鋅乾電池的構造

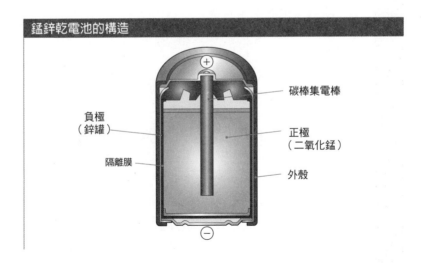

$+$

碳棒集電棒

負極
(鋅罐)

正極
(二氧化錳)

隔離膜

外殼

$-$

　　錳鋅乾電池除了圓筒形、公稱電壓1.5V的類型以外，還有方形、公稱電壓9.0V的類型。另外，通稱「006P」的電池，其實是由6個單電池（Cell）堆疊組成的構造，也算是電池組的一種，又稱為「電池堆」。堆疊在一起的電池，會產生如同多個電池串聯在一起的效果。堆疊的電池數量越多，電壓也就越高。很久以前的攜帶型電晶體收音機，通常也是使用這種9.0V的006P四角形電池。

　　至於錳鋅乾電池的JIS規格符號，並不像其他電池一樣以字母碼代表電池種類，而是由代表形狀的字母碼，以及代表尺寸和最大直徑的數字碼組合而成。圓筒形的一號電池以「R20」表示，二號電池是「R14」，三號電池為「R6」，四號電池記為

錳鋅乾電池「水銀零使用」

　　錳鋅乾電池所使用的鋅，具有易於溶解在含氧溶液的特性，以前為了防止鋅溶解，所以混入了微量的水銀（Hg）。然而，水銀是具有毒性的物質，它會嚴重污染環境，隨著電池的使用量擴大，這將變成另一個重大問題。因此，錳鋅乾電池必須開始進行技術革新，藉由改善電池結構的方式，來防止外面的空氣進入，並藉由減少不純物質的精製方法，在不降低電池性能的情況下而停止使用水銀。日本廠商自平成四年（一九九二年）起，便不再於電池中添加水銀，並在包裝上明確標示出「水銀零使用」。

「R03」，五號電池是「R1」。方形的006P則是「6F22」的記號，代表由6個電池串聯而成的方形電池。

　　性能更好的鹼性乾電池，最近也有越來越便宜的趨勢。而日本的錳鋅乾電池產量也逐漸減少中。

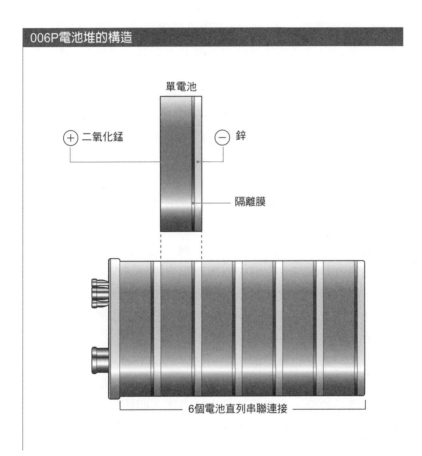

006P電池堆的構造

單電池

＋ 二氧化錳

－ 鋅

隔離膜

6個電池直列串聯連接

鹼性乾電池

「鹼性乾電池」和錳鋅乾電池一樣，分別有公稱電壓1.5V的圓筒形「一號電池」、「二號電池」、「三號電池」、「四號電池」、「五號電池」，以及公稱電壓9.0V的方形「006P」電池。鹼性乾電池也是無法充電的一次電池，而它的電容量比較大，大約是錳鋅乾電池的兩倍左右。

由於鹼性乾電池在電流流動時，電壓的下降程度較少，所以適合用在需要有大電流流通或是需要連續流通某種程度電流等用途上。因此，對一些需要長時間使用的攜帶型收音機、隨身聽，或是需要動力的強大照明燈、附有液晶顯示器的電子遊戲機、使用馬達的收錄音機、電動玩具、照相機的閃光燈等設備上，鹼性乾電池的使用時間，大約比錳鋅乾電池高出3～5倍。

鹼性乾電池和錳鋅乾電池一樣，正極材料是二氧化錳（MnO_2）、負極是鋅（Zn），以隔離膜分隔開，但電解液則是使用氫氧化鉀（KOH）水溶液。正由於氫氧化鉀是鹼性，所以一般將它稱為「鹼性乾電池」。此外，因為它的正極使用了二氧化錳，所以又稱為「鹼性錳鋅電池」。

不過，鹼性乾電池的構造，在外側是正極，中心是負極。它的正負極配置，完全和錳鋅乾電池相反。錳鋅乾電池的外裝容器鋅罐是負極，容易經離子化後溶出。但鹼性乾電池的容器則不會參與電流流動時的化學反應，因此，結構上較不容易發生漏液的情況。

用來表示鹼性乾電池的JIS規格記號是「L」，圓筒形的一號電池以「LR20」表示，二號電池為「LR14」，三號電池標記為「LR6」，四號電池用「LR03」表示，五號電池是「LR1」，而方

鹼性乾電池的反應

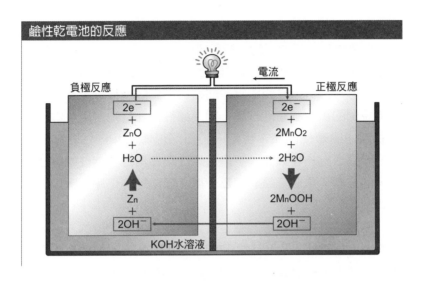

負極反應

電流

正極反應

$$2e^-$$
$$+$$
$$ZnO$$
$$+$$
$$H_2O$$

$$2e^-$$
$$+$$
$$2MnO_2$$
$$+$$
$$2H_2O$$

$$Zn$$
$$+$$
$$2OH^-$$

$$2MnOOH$$
$$+$$
$$2OH^-$$

KOH水溶液

鹼性乾電池的構造

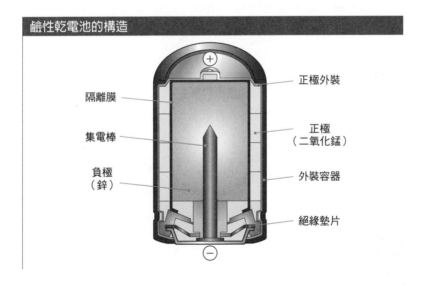

隔離膜

集電棒

負極
（鋅）

正極外裝

正極
（二氧化錳）

外裝容器

絕緣墊片

形的006P則以「6LF22」表示。

　　另外還有被稱為「鹼性鈕釦電池」、公稱電壓1.5V的鈕釦形小電池，以及將鈕釦形的單電池疊在一起而形成公稱電壓6.0V的圓筒形電池。鹼性鈕釦電池的鈕釦形外觀及尺寸，和接下來即將說明的氧化銀電池一樣。因為鹼性鈕釦電池是用來取代氧化銀電池的替代商品，也有人將鈕釦形電池和鹼性乾電池分開，獨立成另一種類型。不過，鹼性鈕釦電池和鹼性乾電池所使用的正極、負極、電解液都一樣，連電池的化學反應也完全相同。

　　雖然鹼性鈕釦電池的電容量大約是氧化銀電池的一半，但它與氧化銀電池不同，不需要使用貴金屬銀（Ag），所以它是鈕釦形電池裡最經濟實惠的電池。此外，在電流流動時的電壓變化方面，鹼性鈕釦電池雖然不像氧化銀電池那麼平穩，卻有著

鹼性乾電池的防止逆接設計

　　鹼性乾電池可以流通較大的電流，但如果發生短路或錯接正負極的情況，將會造成相當大的危險。所以，有些電池把絕緣帽裝在外層標籤的內側，即使電池的外層標籤破損而使外殼的金屬部分露出時，仍可避免短路的發生。另外，為了防止正負極逆接而引發意外，有些電池便在負極部位，加上了絕緣突起部分的設計，以防止逆接時通電的狀況出現。

電壓下降幅度較小的優點。電子計算機、小型收音機、照相機
等電流負載量較小的電子設備，都非常適合使用鹼性鈕釦電
池。即便是需要脈衝放電（即較大電流）的數位相機快門，使用
鹼性鈕釦電池也已足夠。

　　用來標識鹼性鈕釦電池的JIS規格記號，包括有「LR41」、
「LR43」、「LR44」、「LR1120」、「LR1130」等。而使用4個
單電池的圓筒形電池，則以「4LR44」來表示。

鹼性鈕釦電池的構造

封口板

墊片

負極
（鋅）

外殼

隔離膜

正極
（二氧化錳）

鎳乾電池

　　「鎳乾電池」和錳鋅乾電池、鹼性乾電池一樣，都是公稱電壓1.5V的三號電池。它是無法充電的一次電池，電容量則和鹼性乾電池相同。鎳乾電池和屬於二次電池的「鎳氫電池」相同，可以在維持高電壓的狀態下，持續供應電流，而當放電結束時，電壓也會快速下降。

　　鎳乾電池是為因應瞬間流通大電流的「脈衝驅動」的需求所開發。採用脈衝驅動的代表性電器，首推數位相機。數位相機不僅是在伸縮鏡頭或使用閃光燈時需要大電流，關閉快門、拍照或儲存影像時，也都需要瞬間流通大電流。因此，每次拍照就會出現瞬間的大電流流動。數位相機所使用的鎳乾電池，與相同尺寸的鹼性乾電池相較，其電力將可拍下3～5倍以上的張數；但在電池所具有的電容量方面，鎳乾電池和鹼性乾電池完全相同。所以，如果僅是將鎳乾電池裝在不會有瞬間大電流流動的低耗電設備時，其電池壽命就和鹼性乾電池沒有兩樣。

　　鎳乾電池的正極，使用了將氫氧化鎳（$Ni(OH)_2$）氧化生成的「羥基氧化鎳」（NiOOH）；至於負極部分，則是和鹼性乾電池及錳鋅電池一樣，都是使用鋅（Zn）；在電解液的部分，鎳乾電池使用的是氫氧化鉀（KOH）。可充電的鎳氫電池與鎳乾電池的構造不同，而在構造的材料上，鎳氫電池的負極是以「儲氫合金」取代鎳乾電池的鋅。

　　鎳乾電池的構造和鹼性乾電池相同，圓筒形的外側是正極，而中心的鋅則為負極。也有其他廠商以羥基氧化鎳作為正極，來搭配二氧化錳（MnO_2），並將此種電池命名為「鎳錳乾電池」。

鎳乾電池的反應

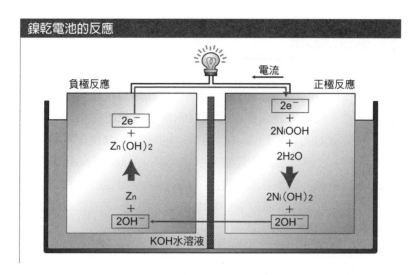

負極反應

2e⁻
+
Zn(OH)₂

↑

Zn
+
2OH⁻

電流

正極反應

2e⁻
+
2NiOOH
+
2H₂O

↓

2Ni(OH)₂
+
2OH⁻

KOH水溶液

鎳乾電池的構造

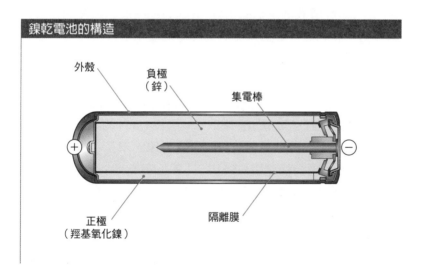

外殼

負極
（鋅）

集電棒

＋

－

正極
（羥基氧化鎳）

隔離膜

水銀電池

「水銀電池」有1.35V與1.4V兩種公稱電壓，屬於鈕釦形的一次電池。和同樣是鈕釦形的鹼性乾電池及氧化銀電池相較之下，水銀電池的容量較大，而且電池的電壓可以長期維持極穩定的狀態，被用作相機自動曝光構造（AE, Auto Exposure）、助聽器等的電源。由於水銀電池具有電壓極度穩定的特性，所以也被用來作為各種量測設備的基準電壓。但是，在低於0℃的環境中，水銀電池的性能就會明顯下降，因此，它並不適合在低溫環境下使用。

水銀電池使用氧化汞（HgO）與石墨作為正極，負極則使用鋅（Zn），電解液則是氫氧化鉀（KOH）。由於水銀電池的成分水銀對人體有害，並且其比例高達電池重量的20%。電池廠商基於保護人類生活環境，自一九九五年十二月底起，已經停止所有水銀電池的生產。

在水銀電池停止生產後，公稱電壓1.4V的電池，可以公稱電壓相同的「鋅空氣電池」來取代。至於1.35V的類型，則因為沒有其他電池有此種規格，所以市面上也出現了「水銀電池變壓器」，可以將公稱電壓1.55V的「氧化銀電池」，或公稱電壓1.5V的「鹼性鈕釦電池」轉換為1.35V。事實上，對於必須利用水銀電池電壓極度穩定之特性的機器而言，根本無法用性質不同的電池來取代。隨著水銀電池停產，部分生產使用水銀電池的相機或助聽器的廠商，皆已將可替代的電池與水銀電池變壓器等相關資訊，公布於網站供消費者查詢。

水銀電池的反應

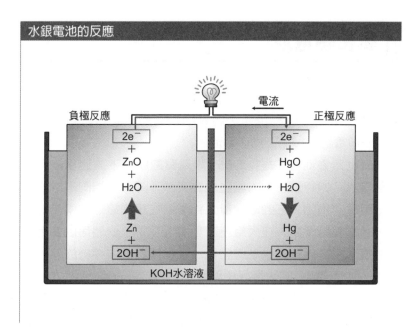

負極反應

$2e^-$
$+$
ZnO
$+$
H_2O

Zn
$+$
$2OH^-$

電流

正極反應

$2e^-$
$+$
HgO
$+$
H_2O

Hg
$+$
$2OH^-$

KOH水溶液

水銀電池的構造

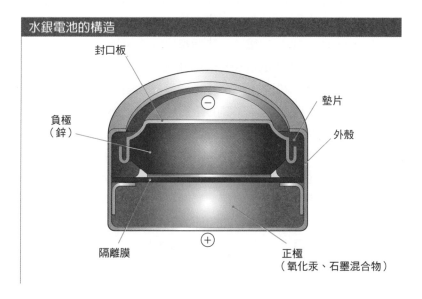

封口板

負極
（鋅）

隔離膜

墊片

外殼

$-$

$+$

正極
（氧化汞、石墨混合物）

氧化銀電池

　　「氧化銀電池」是公稱電壓1.55V的鈕釦形一次電池。氧化銀電池以鈕釦形最為普遍，但其中也有組合4個鈕釦形單電池、公稱電壓6.2V的圓筒形電池。

　　氧化銀電池可在維持1.55V高電壓的狀態下流通電流。在電量快用完的時候，它的電壓才會突然下降。和相同尺寸的鹼性鈕釦電池相比，它的電容量大約是鹼性鈕釦電池的兩倍。而且它的溫度特性佳，在大電流流動的情況下，依然可以使用。它主要應用在手錶、小型遊戲機、電子體溫計、相機的曝光器與電子快門、電子打火機等小型電器。

　　氧化銀電池使用氧化銀（Ag_2O）作為正極，負極則是和錳鋅乾電池、鹼性乾電池一樣使用鋅（Zn）。在電解液方面，分為使用氫氧化鉀（KOH）的「高功率型」（High-Rate），可以製成會產生大電流的電池；還有稱為「低功率型」（Low-Rate）、使用氫氧化鈉（NaOH）的電池，其所產生的電流較小。

　　代表氧化銀電池的JIS規格記號是「S」，以「SR43」、「SR44」、「SR1120」、「SR1130」等為代表。但除此之外，還有其他各種不同直徑與高度的鈕釦形電池。高功率型的標示記號為「SR44W」，也就是在記號最後加上「W」；而低功率型加上的是「SW」，寫成「SR44SW」。至於組合4個單電池、公稱電壓6.2V的圓筒形氧化銀電池，則以「4SR44」表示。

　　另外也有同樣採用氧化銀、鋅與氫氧化鉀水溶液的組合，名稱一樣是「氧化銀電池」的方形大二次電池。這種大電池可以充電後重複使用，並被應用在特殊用途上。

氧化銀電池的反應

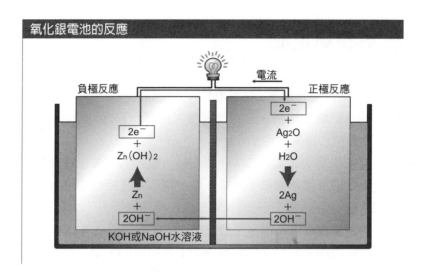

負極反應　　　　　　　　　　　　← 電流　　　　　正極反應

$$2e^- + Zn(OH)_2$$

$$Zn + 2OH^-$$

$$2e^- + Ag_2O + H_2O$$

$$2Ag + 2OH^-$$

KOH或NaOH水溶液

氧化銀電池的構造

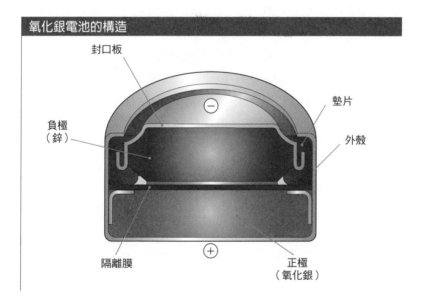

封口板

墊片

負極
（鋅）

外殼

隔離膜

正極
（氧化銀）

鋅空氣電池

「鋅空氣電池」是公稱電壓1.4V的鈕釦形一次電池。和相同尺寸的水銀電池比較，它的電容量大約是水銀電池的2倍～3倍，而且它的重量也輕了近30%。

鋅空氣電池在電流的大小不同時，維持的電壓也會有所不同。但若是在電流變動不是很大時，電壓會維持在接近放電結束的狀態。而在即將用完時，電壓會迅速地降低。

鋅空氣電池的正極，是使用由空氣中取得的氧氣（O_2）。因此，它可以說是具有「燃料電池」一半特質的電池。至於負極則是使用鋅（Zn），而電解液使用的是氫氧化鉀（KOH）。由於它的正極並不具物質形態，所以負極的鋅就占了整個電池的大部分體積，也因此，它的電容量就比較大。此外，因為它的正極使用空氣中的氧氣，又被稱為可節省能源的綠色電池。

使用鋅空氣電池之前，必須將貼在電池正極孔上的貼紙撕掉。在貼紙撕掉後，經過大約5秒的時間，電池才會開始運作。鋅空氣電池的電容量，是水銀電池的2倍～3倍，可以長時間使用。它也適合作為助聽器、B.B.Call等長時間使用的電子儀器的電源。但又因為它需要空氣能自由地進入電池內部，所以不能設置在完全密閉的電子儀器上。而且貼紙一旦撕除、電池開始放電後，即使再將貼紙貼回正極孔，也無法停止電池放電。

用來表示鋅空氣電池的JIS規格記號是「P」，鈕釦形的電池以「PR41」、「PR44」、「PR48」、「PR536」標示。

鋅空氣電池的反應

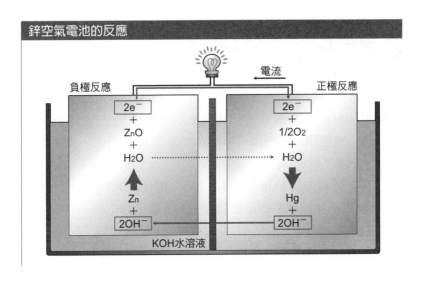

電流

負極反應

$$2e^-$$
$$+$$
$$ZnO$$
$$+$$
$$H_2O$$

$$Zn$$
$$+$$
$$2OH^-$$

正極反應

$$2e^-$$
$$+$$
$$1/2O_2$$
$$+$$
$$H_2O$$

$$Hg$$
$$+$$
$$2OH^-$$

KOH水溶液

鋅空氣電池的構造

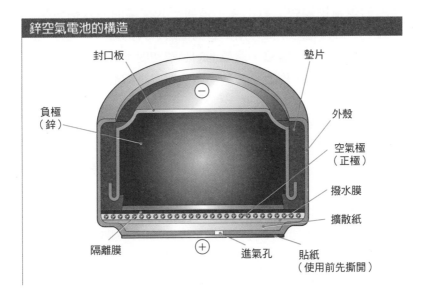

封口板

墊片

負極
（鋅）

外殼

空氣極
（正極）

撥水膜

擴散紙

隔離膜

進氣孔

貼紙
（使用前先撕開）

多樣化的一次鋰電池

　　無法充電的「一次鋰電池」，有1.5V、3.0V、3.6V等各種公稱電壓，形狀也有圓筒形、硬幣形、細圓形、方形等不同設計。甚至還有稱為紙硬幣（Paper Coin）形的電池，這種電池極薄，厚度不到0.5毫米。

　　一次鋰電池的負極使用鋰（Li），由此統稱為「一次鋰電池」。但是一次鋰電池的正極部分，卻能應用氟化碳（$(CF)_n$）、二氧化錳（MnO_2）、亞硫醯氯（$SOCl_2$）、二氧化硫（SO_2）、硫化鐵（FeS_2）、氧化銅（CuO）、碘（I）等不同的物質。因為正極材料不同，其公稱電壓也有所不同（參照p.106）。其中最廣泛使用的是氟化碳與二氧化錳，這類一次鋰電池的公稱電壓是3.0V。一個鋰電池就擁有兩個公稱電壓1.5V的錳鋅乾電池或鹼性乾電池串聯後的電壓，讓電池的必要空間也因此得以縮小。而在金屬元素中，鋰是最輕的物質，所以鋰電池在重量方面也是相對較輕。

　　另外，鋰屬於鹼性的金屬元素，一旦與水接觸，將會引發爆炸性的反應。為了安全起見，鋰電池不可使用水溶液作為電解液。也因此，便把鋰電池的電解液改成「有機電解液」、「非水無機電解液」。

　　鋰電池的電容量相當大，以最大容量而言，它可以是相同容積的錳鋅乾電池的10倍。再者，鋰電池的用途非常廣泛，從大電流乃至於微弱電流的運用，全都可以應付。甚至從開始使用到結束，鋰電池的電壓都可以維持在穩定的狀態。和其他電池相比，鋰電池的使用溫度範圍較廣，不論是在低溫或高溫的環境下，都可以穩定運作。尤其在持續使用微弱電流的情況下，無論是低溫或高溫，其壽命都不會突然縮短，使用狀態幾

乎和常溫時沒有差別。另外，鋰電池也可以長時間存放。即便不使用，電容量也不會自然降低，而且自放電極少，就算擺置10年的時間，電容量仍可以保有90%以上。

　　圓筒形鋰電池的代表性用途首推相機。到相機店去看看，就可以發現各種用途的一次鋰電池，從傻瓜相機到單眼相機，鋰電池被廣泛地裝設在所有相機中。此外，鋰電池也被當成電腦或電子儀器記憶體資料回存功能（Memory Backup）的電源，以及瓦斯錶、自來水錶的電源。硬幣型的鋰電池則同樣是用來作為記憶保護用電源，或手錶、汽車電器設備的電源；在醫療方面則是用作心律調節器（Pacemaker）的電源。細圓形鋰電池可用來當成夜釣電浮標的電源。紙硬幣形鋰電池也可運用在IC卡、ID卡、標籤、記憶卡、卡片式計算機、記憶體資料回存的電源等等。

　　後面還會介紹可充電的「鋰（離子）二次電池」（參照p.94、p.96），千萬別將一次鋰電池與二次電池混淆，更不能把一次鋰電池拿來充電。

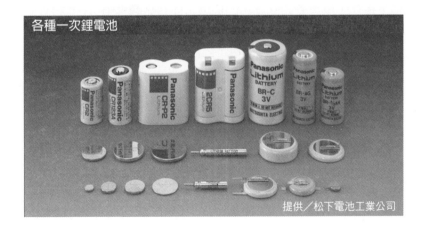

各種一次鋰電池

提供／松下電池工業公司

鋰氟化碳電池

正極使用氟化碳（$(CF)_n$）的一次鋰電池，稱為「鋰氟化碳電池」。氟化碳是碳（石墨）與氟的化合物。氟化碳是化學性穩定且耐高溫的灰白色粉末。在各種正極材料中，氟化碳是較輕的物質，重量能量密度大。和重量相同的電池比較，鋰氟化碳電池具有較大的電能；若與電能相同的電池比較，鋰氟化碳電池則是重量較輕的一方。氟化碳在經過取得電力的化學反應後，會轉變成碳，而在過程中所產生的碳，又具有讓電力容易通過的性質，藉此可抑制電池內部的電阻，使電池在用完之前電壓都能保持穩定。此外，鋰氟化碳電池在低溫與高溫中皆可使用，使用溫度範圍在$-40°C\sim+85°C$之間，遠比其他電池來得廣。

鋰氟化碳電池的長期保存性極佳，像是使用10年都不需維護的瓦斯自動斷路器等儀器，就非常適合以鋰氟化碳電池作為電源。另外，有些汽車電器用品必須曝露在100°C以上的高溫環境下運作，為承受如此高溫的環境，便有廠商推出可在125°C使用的耐高溫硬幣形電池。

與「鋰二氧化錳電池」相比，在尺寸相同的條件下，兩者的電容量相同，但鋰二氧化錳電池能保持較高的電壓。至於從開始使用到使用結束的電壓變化，鋰氟化碳電池的電壓變化較少，性質較為穩定。在自放電方面，溫度若低於60°C以下，兩者的情況皆屬優秀，鋰氟化碳電池只勝出些許；但溫度若超過60°C的話，鋰氟化碳電池的自放電優勢就更勝一籌了。

用來表示鋰氟化碳電池的JIS規格記號是「BR」。圓筒形的記號有「BR-2/3A」、「BR-A」等，硬幣形的則有「BR1216」、「BR2320」等。

鋰氟化碳電池的反應

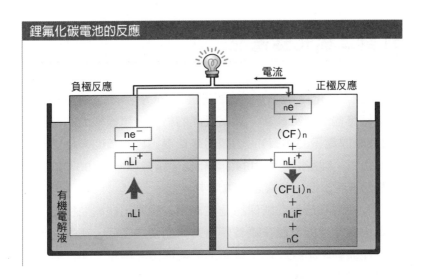

鋰氟化碳電池的構造

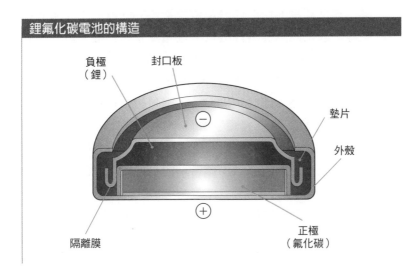

鋰二氧化錳電池

「鋰二氧化錳電池」以二氧化錳（MnO_2）作為正極材料。二氧化錳是地球蘊藏豐富、價格低廉的材料，是種強大的氧化劑（易於吸收電子的物質），也被用來作為錳鋅乾電池、鹼性乾電池的正極。鋰電池所使用的二氧化錳，會先以接近400°C的溫度加熱使其脫水後，才會置入電池中。

和使用到最後都能保持穩定電壓的鋰氟化碳電池相比，鋰二氧化錳電池的電壓會隨著使用時間而慢慢變低。在瞬間出現大電流流動時，鋰二氧化錳電池仍能保持高電壓，適合需要大電流的用途。它的使用溫度範圍則為-40°C～+70°C。

鋰二氧化錳電池可以作為需要大電流的機器或小而輕的電器的電源，兼具此兩種特性的代表性電器就是相機。具備自動曝光（AE）／自動對焦（AF）等功能的相機，為了縮短其準備時間並迅速作動，就需要瞬間的大電流，同時還要能具備體積小、重量輕的特點。因此，從AE/AF單眼相機到附閃光燈的傻瓜相機等，許多相機都裝置了圓筒形的鋰二氧化錳電池。另外，鋰二氧化錳電池也可運用在數位相機上。硬幣形電池則經常用作液晶顯示的數位鐘錶、攜帶型遊戲機、電子記事本等的電源。

用來表示鋰二氧化錳電池的JIS規格記號是「CR」，圓筒形是「CR-2」、「CR123A」等，硬幣型則是「CR1216」、「CR2320」等。另外，還有將兩個圓筒形的單電池組裝成公稱電壓6V的種類，分別以「2CR5」、「CR-P2」等來表示。

在鋰離子一次電池中，產量最高的正是鋰二氧化錳電池。

鋰二氧化錳電池的反應

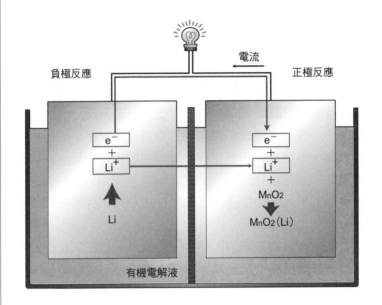

電流

負極反應

正極反應

e⁻
+
Li⁺

e⁻
+
Li⁺
+
MnO_2

Li

$MnO_2(Li)$

有機電解液

圓筒形鋰電池的螺旋結構

電池的化學反應，因為是在正極與負極的表面進行，所以表面積越大，反應也就越快，還能取得較大的電流量。為了活用鋰電池電容量大、放電特性佳的優點，並達到取得大電流的目的，便在圓筒形鋰氟化碳電池中，以及鋰二氧化錳電池薄片狀的正極與負極之間，夾進同樣是薄片狀的電解液及隔離膜。以一圈一圈捲成漩渦狀的方式形成「螺旋結構」。藉由螺旋結構，讓各電極的表面積得以大幅增加。

也有一些鋰電池是採用常見的線軸結構，這類鋰電池的中心為負極，外側的圓筒是正極，讓隔離膜夾在中間，結構和鹼性乾電池相同（參照p.57）。這種鋰電池雖然電容量較大，但與反應有關的表面積較小，所以適用於較小電流與長時間作動的用途上。

而能以較大電流放電、結構呈螺旋狀的鋰二氧化錳電池，在電池裡面設計有安全結構，以避免錯誤使用，並減少某些問題的發生。

為避免電路短路和確保大電流流過時的安全性，便在電池裡備有正溫係數電阻器PTCR（Positive Temperature Coefficient Resistor）。PTCR是一種保護用途的元件，當大電流流過時，PTCR的電阻就會立刻變大，並限制流過的電流。每當電池發生短路而使電流超出電池額定值時，PTCR便會立刻發生作用。在將電池的電路切斷並排除造成異常的原因後，只要再重新裝入電池，即可自動恢復原狀。另外還有安全閥的設計，當因為化學反應造成電池中的壓力異常升高時，安全閥就可以讓內部壓力安全地釋放，以避免爆炸情況發生。

圓筒形電池的螺旋結構

俯視圖

剖面圖

正極　隔離膜　負極　絕緣薄膜

電池帽

外殼

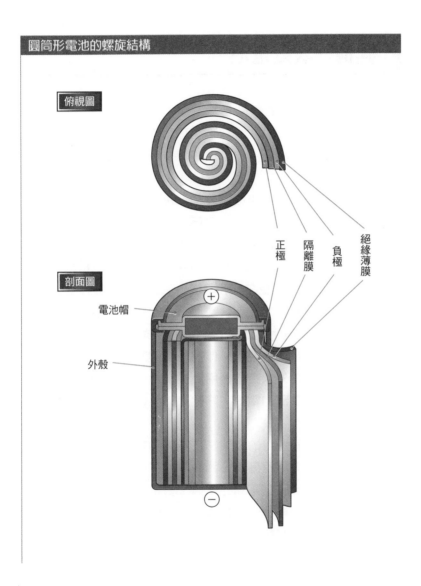

其他一次鋰電池

接下來讓我們再看看其他主要的一次鋰電池。

使用亞硫醯氯（SOCl$_2$）作為正極的就是「鋰亞硫醯氯電池」。亞硫醯氯是液體，存放於電解液內，電解液則使用非水無機電解液。

鋰亞硫醯氯電池的組成物質全都是無機物，所以它很適合長時間使用。加上它是3.6V，公稱電壓較高，和相同尺寸的錳鋅乾電池比較，它具有6倍～7倍的大電容量。鋰亞硫醯氯電池也是電壓極為穩定的電池，而它的使用溫度範圍也相當廣，為－55℃～＋85℃，即使在低溫環境下，依然可以運作。正極的亞硫醯氯因為是液體，在安裝電池時必須將正極朝上。即便在最不得已的情況下，也請盡量以平放的方式安裝（不要倒置）。

鋰亞硫醯氯電池主要用來作為記憶體資料回存的電源或瓦斯錶的電源等。在外太空的應用上，則是作為人工衛星或太空船投下的觀測用儀器的電源。除此之外，它也被運用在軍事用途上。

亞硫醯氯是有劇毒的物質，在空氣中會分解成亞硫酸及氯化氫。為了使它完全不外漏，因而設計了玻璃封膜，並且用雷射焊接密封而形成完全密閉的結構。若是施加較大的外力於正極部位，或是電池摔落時，玻璃封膜可能會受損，就有造成漏液或產生刺激性、腐蝕性氣體（亞硫酸等）的危險，使用上必須特別注意。

當電池用完後，雖可當成一般的不可燃垃圾來處理，但如果電池裡還有殘存的電能，一旦不小心讓它與周圍的金屬接觸並出現短路時，即可能造成破裂。所以，請先在電極部位貼上膠帶，確保電池完全絕緣後再行丟棄。

鋰亞硫醯氯電池的反應

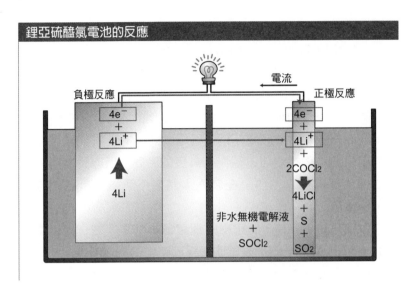

負極反應

電流

正極反應

$4e^-$
+
$4Li^+$
+

$4e^-$
+
$4Li^+$
+
$2COCl_2$
↓
$4LiCl$
+
S
+
SO_2

4Li

非水無機電解液
+
$SOCl_2$

鋰亞硫醯氯電池的構造

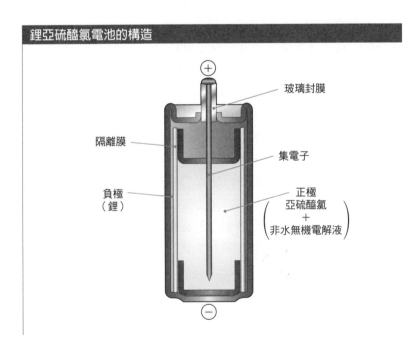

+

玻璃封膜

隔離膜

集電子

負極
（鋰）

正極
亞硫醯氯
+
非水無機電解液

−

用來表示鋰亞硫醯氯電池的JIS規格記號是「ER」，圓筒形的規格記號有「ER3」、「ER6」、「ER17/50」等。

以碘（I）化合物作為正極的稱為「鋰碘電池」。這種電池使用固態電解質──鋰碘化合物作為電解液。由於所有的材料都是固態，所以鋰碘電池是屬於完全固體型的電池，不會隨著化學反應而產生氣體或液體。其公稱電壓則是3V。在持續性小電流的用途上，因為它可以運作相當長的時間，所以也被用來作為心律調節器的電池等，在裝入人體後，可維持長時間的運作，相當方便。

以硫化鐵（FeS_2）為正極的鋰電池，則是「鋰－硫化鐵電池」。圓筒形的鋰－硫化鐵電池和鋰二氧化錳電池一樣，都是螺旋結構，因此可以取得較大電流。在安全設計方面，鋰－硫化鐵電池同樣內藏有保護元件PTCR，以及可釋放內部壓力的安全閥。和鹼性乾電池相較，鋰－硫化鐵電池的電容量約為3倍，不僅可以產生大電流，重量也輕了2/3，而且即使在－20℃的低溫環境下，仍可以產生大電流，也是屬於耐寒性的電池。鋰－硫化鐵電池適合用於數位相機等用途。公稱電壓1.5V的鋰－硫化鐵電池，和錳鋅乾電池及鹼性乾電池電壓相同，所以可以相互替代使用。鋰－硫化鐵電池的JIS規格記號是「FR」，三號的鋰－硫化鐵電池則以「FR6」來表示。

正極使用氧化銅（CuO）的是「鋰氧化銅電池」。鋰氧化銅電池的公稱電壓為1.55V；圓筒形的鋰氧化銅電池，用於軍事用途或其他特殊目的上；而硬幣形的鋰氧化銅電池則主要用於石英鐘錶。鋰氧化銅電池的JIS規格記號是「GR」。

鋰碘電池的反應

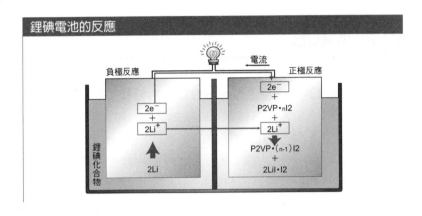

鋰－硫化鐵電池的反應

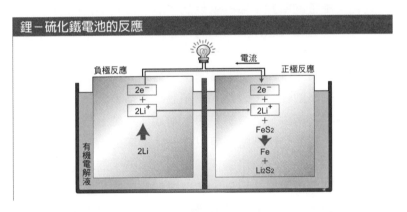

鋰氧化銅電池的反應

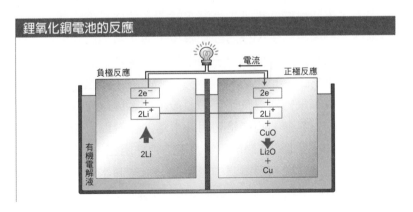

海水電池

　　有一種電池，在浸入海水後立刻就會發電，而在離開海水後也會立即停止發電，這種電池就稱為「海水電池」（Seawater Battery）。海水電池的正極使用的是氯化銀（AgCl）或氯化鉛（PbCl），負極則是裝入鎂（Mg），並以海水當成電解液來製造電力，也被列入一次電池的類別。

　　海水電池主要用作各種海洋觀測設備等海上機器的起動電源或點火雷管的電源，目的就是為了能在沒有電力的海洋上使用。此外，它也可以作為海上的緊急電源，如海上緊急照明燈具的電源。

　　當飛機發生墜海，或船隻遭逢海難時，為了能拯救乘客、機組員及船員的性命，飛機、船舶上都會備有緊急逃生裝備。在這些重要裝備中，就裝置有海水電池。飛機上預備的救生衣在肩膀部位皆裝有標示燈，可以在一片漆黑的大海中，顯示遇難者的位置，而此種標示燈在觸碰到海水時，海水電池便會發揮作用而點亮標示燈。另外，像飛機或船舶內設置的救生筏，則裝有能顯示救生筏位置的頂篷燈，以及可照亮救生筏內部的室內燈。這些設備的電源也是海水電池。至於亮燈的類型則分成兩種；一種是救生筏在海面膨脹後，海水電池即自動發揮作用使燈自動點亮的類型，另一種則是由乘坐救生筏的遇難者，將海水電池浸在海水中，以手動方式將燈點亮的類型。

　　當飛機等飛行機器墜落至海上後，能製造火光或煙霧告知所在位置的煙霧彈，同樣是利用海水電池作為點火的電源。另外，也有以海水電池作為魚雷電源等的特殊用途。

　　至於在海洋觀測用電源的應用上，有些海水電池只要以新電極來替換已消耗的電極，就能繼續長時間使用。

海水電池的反應

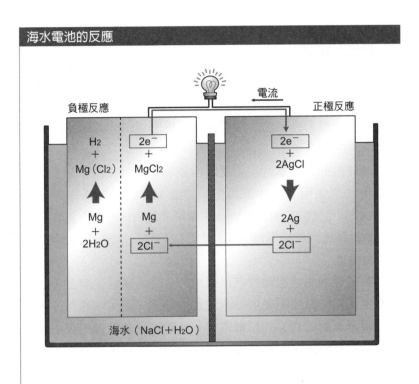

電流

負極反應　　　　　　　　　　　　　　　　正極反應

H_2	$2e^-$	$2e^-$
$+$	$+$	$+$
$Mg(Cl_2)$	$MgCl_2$	$2AgCl$

Mg	Mg	$2Ag$
$+$	$+$	$+$
$2H_2O$	$2Cl^-$	$2Cl^-$

海水（$NaCl+H_2O$）

海水電池

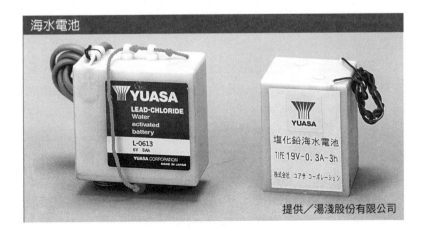

提供／湯淺股份有限公司

鉛蓄電池

從很早以前開始，「鉛蓄電池」就是可以在充電後重複使用的二次電池。由於它是直接使用液態的電解液，因此也被列入濕電池的代表。

最普遍的鉛蓄電池，就是將數個單電池組合在一起，當成一個電池來使用，其中又以公稱電壓12V的鉛蓄電池最為普及。1個單電池的電壓是2V，3個單電池組合在一起，就變成了6V；6個單電池的組合是12V，連結12個單電池後，就成為24V的鉛蓄電池。

鉛蓄電池主要搭載於汽車或機車等交通運輸工具上，用以發動引擎和作為所配備的各種儀器的電源。另外，還有一種名為「深循環蓄電池」的鉛蓄電池。一般的鉛蓄電池，幾乎是處於滿電的狀態下，在消耗掉一點電力後，就會立即將失去的部分補充回來；這種電池適合用在重複淺放電與充電的用途上。但是，深循環蓄電池卻是將所儲存的電容量幾乎用盡之後，才會進行充電的動作，這類鉛蓄電池就適合用於重複深度放電與充電的用途，主要裝設在電動高爾夫球車和電動堆高機這類電動車上。

鉛蓄電池的正極是二氧化鉛（PbO_2），負極為鉛（Pb），電解液使用的是稀硫酸。正極部分的構造，通常是在以鉛合金製成的網眼狀電極中填充膏狀的二氧化鉛。至於負極部分，則在同樣是鉛合金製造的網眼狀電極中，填入膏狀的鉛。這種電極構造因填入膏狀反應物而稱為「膏狀」（Paste）電極。另外，電解液所採用的稀硫酸是帶有劇毒的硫酸（H_2SO_4）的稀釋液，所以使用時必須特別注意，不可將電瓶傾斜，也不可使電解液潑灑出來，更不能讓電解液沾到皮膚或衣服上。

　　從鉛蓄電池取得電流時，負極部分的鉛，會在電極中留下電子（2e⁻），變成帶有正電的鉛離子（Pb^{2+}），接著又與電解液中的硫酸根離子（SO_4^{2-}）結合，變成硫酸鉛（$PbSO_4$）。在負極留下的電子，則會經由導線移動至正極。正極的二氧化鉛在與電解液中的硫酸根離子結合後，也轉變為硫酸鉛，而游離的氧離子（O^-）與電解液中的氫離子（$2H^+$）結合後，便產生了水（H_2O）。

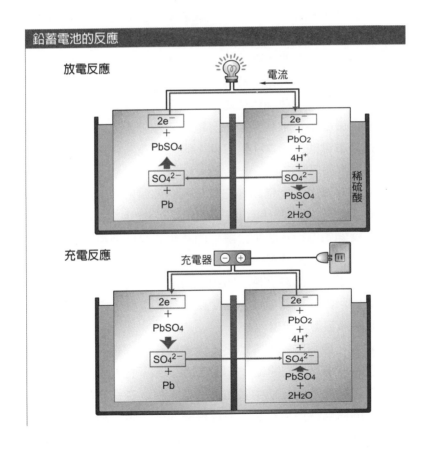

鉛蓄電池的反應

放電反應

充電反應

　　反過來說，當鉛蓄電池充電時，負極原本為了取得電流所變成的硫酸鉛，會再次回復成鉛。另一方面，在正極因為取得電流而變成的硫酸鉛，則回復成二氧化鉛。正極與負極兩邊也會溶出硫酸根離子於電解液中。

　　鉛蓄電池的電解液會由於放電而使硫酸的濃度降低，又會因為充電造成硫酸的濃度變高。因此，藉由測量電解液的比重，便能得知鉛蓄電池的充電狀態。

　　另外，電解液屬於液體，因而容易蒸發。電解液一旦減少到低於標準，就會發生危險。最嚴重時，甚至可能引發鉛蓄電池破裂的意外。依照日本社團法人電池工業會的建議，最好每五個月檢查 1 次電池液面。在鉛蓄電池的外殼側面，標示有兩條刻度線，分別代表電解液量的上限與下限。當鉛蓄電池水平放置時，電解液的液面若是處在上限與下限兩刻度線之間，電解液的含量即屬正常狀態。一旦電解液減少至下限以下時，便應該將各單電池的通氣孔蓋打開，添加補充液，使電解液的量回復到上限與下限之間。

　　電解液減少通常是因為充電超過鉛蓄電池原有的容量，即所謂的「過充電」。假使電池已充飽電卻仍繼續充電的話，電解液中就會開始進行水的電分解，而產生氧氣與氫氣，這又會使電解液減少。尤其是在炎熱的夏季，如果讓鉛蓄電池處於高溫的環境，電解液的減少情況將更為嚴重。另外，也有一種在上方裝設指示器的鉛蓄電池，方便使用者可以從上方得知充電狀態或電解液容量等訊息。

　　此外，還有些鉛蓄電池是不需要補充電解液，也不需要保養維護的，稱為「密閉型」、「密封型」或「控制閥型」鉛蓄電池。在這種電池的構造中裝有控制閥，可以在過充電時，讓正極產生的氧氣往負極移動，並在負極消耗、吸收掉。藉由此方式，不僅能抑制負極產生氫氣，又可以阻絕外面的空氣，減少

電解液的消耗。

　　鉛蓄電池的JIS記號是「PB」，而代表性能的兩位數數字，分別由表示電池較短一面長度的字母、表示電池較長一面長度的數字，還有代表電極位置的「R」及「L」記號等四項組成。用來表示性能的兩位數數字，是為了告知鉛蓄電池的起動性及容量等綜合性能，因此，數值越大就代表性能越好。表示電池較短一面長度的字母記號，由小到大依序是「A」至「H」；而表示電池較長一面長度的數字，則是以公分為單位標出電池的實際長度。至於表示電極位置的記號，若電瓶的電極位在內部，那麼正極位於右邊者是以「R」為記號，位於左邊者則以「L」為記號；直排在一起時，則不做任何記號。

　　用完的鉛蓄電池，請交由販售鉛蓄電池的商店處理。回收的鉛蓄電池，仍可以再生利用。

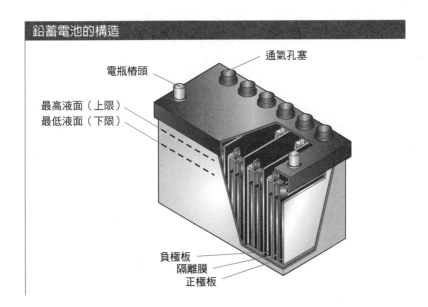

鉛蓄電池的構造

通氣孔塞

電瓶樁頭

最高液面（上限）
最低液面（下限）

負極板
隔離膜
正極板

鎳鎘電池

和用完就丟的一次電池不同，可以充電又重複使用的二次電池，目前以「鎳鎘電池」最為普遍。圓筒形的鎳鎘電池分成一號、二號、三號、四號與五號電池，這些電池的尺寸和一次電池相同，如：錳鋅乾電池等，因此可以互換。此外，鎳鎘電池還設計成各種不同的直徑與高度。除了圓筒形以外，鎳鎘電池還有鈕釦形，以及被稱為「角形」的薄片、扁平狀電池。

鎳鎘電池可以重複充電500次以上，最近更隨著充電技術的提升，而增加到1,000次～2,000次以上。所以，鎳鎘電池比無法充電的一次電池，更為經濟實惠。

鎳鎘電池的公稱電壓是1.2V，比錳鋅乾電池或鹼性乾電池的1.5V公稱電壓略低，但鎳鎘電池的電壓穩定，從開始使用一直到電量用完的期間，約有90%的時間電壓均維持在1.2V。另外，和其他二次電池相比，鎳鎘電池的過充電與過放電的承受度都很好，也不會因為溫度影響而產生性能上的變化。

鎳鎘電池的正極是鎳（Ni）氧化物，負極使用的是鎘（Cd）化合物，至於電解液主要是使用氫氧化鉀（KOH）水溶液。由於圓筒形的鎳鎘電池在充放電時的化學反應快，因此，必須藉由薄膜狀的正極與負極，將含有電解液的隔離膜，以三明治的方式夾在中間，形成表面積極大化的螺旋結構（參照p.74），來取得較大的電流。

長久以來，鎳鎘電池都是二次電池的明星產品。但隨著新上市的鎳氫電池，以及鋰離子電池的推出，鎳鎘電池的市場已逐漸地被取代，也使得鎳鎘電池的產量在九○年代後期快速減少。

鎳鎘電池依其使用目的不同，而有不同特性的種類產生，

鎳鎘電池的反應

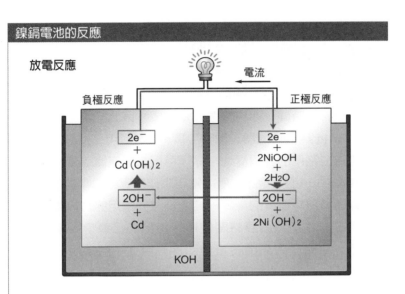

放電反應

電流

負極反應

正極反應

$2e^-$
$+$
$Cd(OH)_2$

$\uparrow$

$2OH^-$
$+$
Cd

$2e^-$
$+$
$2NiOOH$
$+$
$2H_2O$

$2OH^-$
$+$
$2Ni(OH)_2$

KOH

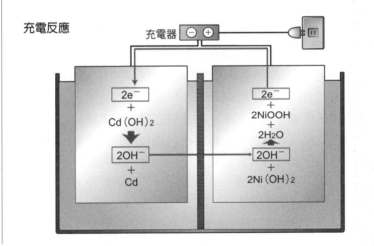

充電反應

充電器 $\ominus$ $\oplus$

$2e^-$
$+$
$Cd(OH)_2$

$\downarrow$

$2OH^-$
$+$
Cd

$2e^-$
$+$
$2NiOOH$
$+$
$2H_2O$

$\uparrow$

$2OH^-$
$+$
$2Ni(OH)_2$

例如：標準用、快速充電用、快速充電－大電流放電用、高溫涓流充電用、耐熱用、高功率型等。

標準用的鎳鎘電池，廣泛運用在一般用途上，屬於成本低、性能優良的類型。快速充電用的鎳鎘電池，可能只需要1個小時左右的時間，即可快速充電完成，因此經常應用在通訊設備、OA機器、AV機器、電動工具、玩具等用品上。快速充電－大電流放電用的鎳鎘電池，除了可以快速充電以外，也可以流通10A～30A的大電流，所以常用來作為專業的電動工具、電動無線電操控等電器的電源。高溫涓流充電用的鎳鎘電池，可藉由涓流充電而持續長時間使用，可用在引導燈、緊急照明燈、不斷電系統或記憶體資料回存等用途。耐熱用的鎳鎘電

鎳鎘電池的回收

在一九九三年六月時，鎳鎘電池被日本的資源再生法（即日本推動資源再生利用的法律）指定為回收對象，並規定民眾有義務回收鎳鎘電池。在用完的鎳鎘電池中，其80%的重量可當成再生資源來使用。由資源再生方式取得的鎘，能夠再一次做為電池的材料，製造新的鎳鎘電池。另一方面，鎳或鐵則被當成不銹鋼的原料，也可以回收再利用。藉由回收再利用的方式，不但能有效利用有限的珍貴資源，同時也可以預防帶有劇烈毒性的鎘，對環境造成污染。用完後的鎳鎘電池，請先在電極的部位貼上膠帶，以避免發生短路的情況，然後再拿到提供回收服務的家電專賣店，投入店內設置的「充電式電池回收箱」裡，以利回收。

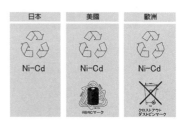

池，可以在70℃的高溫下使用，也能快速充電；它的耐久性高，即使在嚴苛的環境下，依然可以使用。高功率的鎳鎘電池，則是電容量比標準用電池高出40％～100％的大電容量電池，它也可以比其他類型的電池更小、更輕，甚至只需要1個小時即可完成快速充電，主要裝置在業務用AV設備、電腦、通訊機器、電動刮鬍刀等儀器中。

用來表示鎳鎘電池的JIS規格記號是「K」。圓筒形的鎳鎘電池以「KR-15/18」、「KR15/51」、「KR-23/34」等來表示。另外，將數個鎳鎘電池組合、封包在一起的「電池組」（Battery Pack），也是經常可見的電池類型。鎳鎘電池的電池組，可依照機器的空間大小予以組合使用，像是將圓筒形電池以直立串接的方式串聯在一起，或是以左右並排的方式並聯，也可組合成數列來使用。

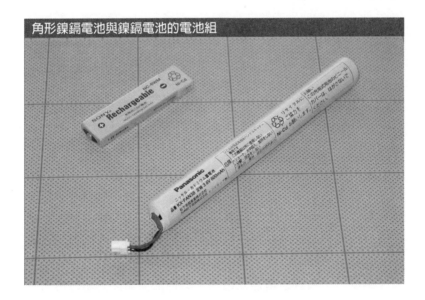

角形鎳鎘電池與鎳鎘電池的電池組

鎳氫電池

「鎳氫電池」是公稱電壓1.2V的二次電池，形狀包括有圓筒形和角形。

圓筒形的鎳氫電池中，薄膜狀的正極與負極之間，有著同樣是薄膜狀的電解液、隔離膜，組合方式就如同三明治；組合完成後再捲繞成漩渦狀，形成螺旋結構（參照p.74）。另一種角形的鎳氫電池，則是將隔離膜夾在薄板狀的正極與負極之間，並以此方式堆疊出數組。圓筒形與角形的共同點是讓正極與負極的表面積極大化，使化學反應更容易進行，以取得較大的電流。

鎳氫電池的正極，使用的是羥基氧化鎳（NiOOH），負極則使用儲存在「儲氫合金」（M）中的氫（H_2），電解液則是以氫氧化鉀（KOH）為成分的鹼性水溶液。鎳氫電池不含水銀、鉛或鎘等有害物質，因此可說是符合環保要求的電池。

儲氫合金可以儲存、釋放其體積1,000倍以上的氫。氣態的氫與儲氫合金反應後，就變成了金屬氫化物，而儲存於儲氫合金中。這種合金儲存氫氣之後，會散發大量的熱，加熱時又會發生加熱反應，釋放氫氣，因此可以在常溫、常壓下，儲存或釋放氫氣。

鎳氫電池放電時，負極的儲氫合金便會釋出帶有正電的氫離子，氫離子與電解液中的氫氧根離子反應後，就變成了水。另一方面，正極的羥基氧化鎳（NiOOH）則會和電解液中的氫離子與從負極經導線移動到正極的電子產生反應，形成氫氧化鎳（$Ni(OH)_2$），而電解液中的水則變成氫氧根離子。

相反地，當鎳氫電池充電時，負極部分會因為水的電分解而產生氫。電解液中的水就變成了氫氧根離子。產生的氫，便

鎳氫電池的反應

放電反應

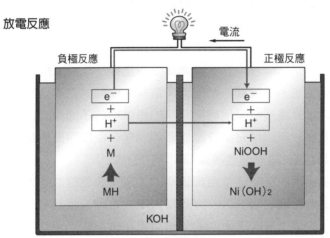

M＝儲氫合金

充電反應

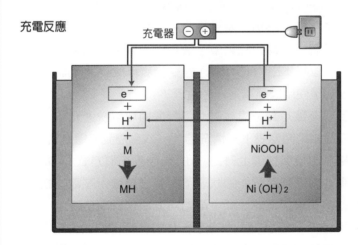

擴散至負極的儲氫合金中，當氫的濃度上升至某種程度時，即變成金屬氫化物，並就此固定下來。另一方面，正極因放電而變成氫氧化鎳，充電後，則會與氫氧根離子反應，而氧化恢復成羥基氧化鎳（NiOOH）。電解液中的氫氧根離子則變成了水。

在放電的狀態下，電解液中的氫氧根離子會因負極反應而變成水；而電解液中的水，則會因為正極反應轉變成氫氧根離子。相反地，在充電的狀態下，電解液中的水由於負極反應會變成氫氧根離子，但是電解液中的氫氧根離子卻會因正極反應而變成水。無論是充電或是放電的狀態，正極與負極都是相反的反應，因此電解液並不會有所增加或減少。

和相同尺寸的標準用鎳鎘電池比較，鎳氫電池的電容量大約是鎳鎘電池的兩倍，一直到電力用完之前，鎳氫電池都能保持穩定的電壓。鎳氫電池的公稱電壓和鎳鎘電池相同，再加上鎳氫電池可以穩定、長時間取得大電流，因此以鎳氫電池取代鎳鎘電池的情形也越來越多。鎳氫電池主要用來作為數位相機、行動電話、PDA、筆記型電腦、隨身聽等設備的電源。此外，像靠馬達運轉的電動車，或是以引擎與馬達來行駛的油電混合車，以及本田（HONDA）的雙腳步行機器人「ASIMO」等機器人都是使用鎳氫電池作為電源。

至於充電方面，鎳氫電池適合採用可以快速充電，又可檢測出充電結束時電壓下降情況的「－△V控制充電方式」，還有可以檢測出溫度快速上升的「dT/dt控制充電方式」。如果在放電或電池內仍殘存電能的狀態下，就直接進行充電的話，鎳氫電池就會和鎳鎘電池一樣，電力可能很快就無法使用，也就是出現所謂的「記憶效應」（參照p.196）。但即便發生記憶效應，只要重複數次徹底用完電力後再行充電的動作，即可恢復原來的狀態。

另外，在保存鎳氫電池時，也請先充完電後再收起來。電

池中一旦沒有電能，負極的儲氫合金功能就會降低，進而導致電池的壽命縮短。

「鎳乾電池」（參照p.60）和鎳氫電池一樣，正極的部分都使用了羥基氧化鎳（NiOOH），但鎳乾電池是無法充電的一次電池，請勿將兩者混淆。

圓筒形鎳氫電池以「HR」表示，而方形則以「HF」表示。此外，在電池的包裝上，也經常和資源回收的標誌一起標示著「Ni-MH」的記號。無法再使用的鎳氫電池，請拿到提供回收服務的家電專賣店，投入店內擺放的「充電式電池回收箱」裡，以方便回收。

方形鎳氫電池的構造

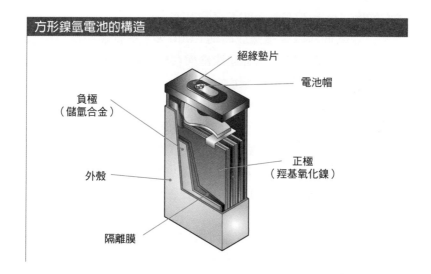

絕緣墊片

電池帽

負極
（儲氫合金）

正極
（羥基氧化鎳）

外殼

隔離膜

充電式鋰電池

可充電的充電式鋰電池包括：「鋰釩二次電池」、「鋰錳二次電池」和「鋰鈮二次電池」。無論哪一種，在負極的部分都是使用鋰鋁合金，電解液則採用有機電解液。

雖然每一種電池的形狀都是硬幣形，但公稱電壓則依種類不同而有所不同。鋰釩二次電池與鋰錳二次電池的公稱電壓為3.0V，鋰鈮二次電池的公稱電壓則是2.0V。每一種充電式鋰電池都具有大電容量，而且自放電的情況也比較少，可以承受連續充電與過放電，是長期以來頗受人們信賴的電池類型。使用溫度範圍介於－20℃到＋60℃之間。

這類電池可以重複充放電約1,000次。主要應用在行動電話、PHS、記憶卡等小型通訊設備與資料通訊設備上，還有OA機器的記憶體資料回存電源上。

鋰釩二次電池的正極使用氧化釩（V_2O_5），除了可作為記憶體資料回存的電源外，也可用作汽車的智慧鑰匙系統（Keyless Entry System）、家電太陽能搖控器等的電源。鋰錳二次電池的正極使用錳複合氧化物，鋰鈮二次電池的正極則使用五氧化二鈮（Nb_2O_5）。這種電池的開發，主要是用來因應部分記憶電路從3V降低為2.5V的情況。

在充電式鋰電池中，電池負極部分的鋰，會以鋰金屬或鋰合金狀態存在，但也有一些電池中並沒有金屬鋰。根據負極是否有鋰金屬，又可分為充電式鋰電池與鋰離子二次電池。

鋰錳二次電池的反應

放電反應

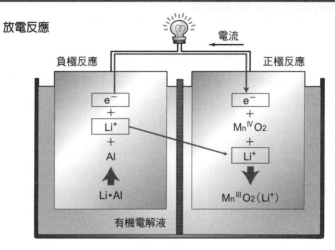

負極反應 · 電流 · 正極反應

有機電解液

充電反應

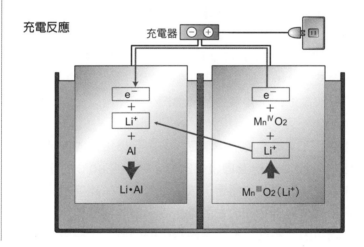

充電器

鋰離子二次電池

　　一般被稱為「鋰離子二次電池」的電池，指的是呈圓筒形與方形、公稱電壓3.6V與3.7V的電池。雖然圓筒形電池的電能密度高，但方形所需的電池空間比較小，因此可達到使機器小型化及薄型化的目的。

　　鋰離子二次電池的正極使用鋰鈷氧化物（$LiCoO_2$），負極則使用石墨（C，碳），電解液為有機電解液。充電時，正極內的鋰鈷氧化物會溶出鋰離子（Li^+），並移動至石墨負極中。放電時，位在負極碳層之間的鋰會氧化成鋰離子，而以反方向移往正極。

　　鋰離子二次電池的公稱電壓高達3.6V，電壓相當於3個公稱電壓1.2V鎳鎘電池或鎳氫電池。此外，鋰離子二次電池的電能密度高，也大約是鎳鎘電池的3倍。在充放電方面，鋰離子二次電池可以重複達500次以上。但是，當鎳鎘電池及鎳氫電池經過重複淺充電後，就會出現放電容量變小的「記憶效應」，而鋰離子二次電池卻不會發生這種情況，因此可以一直保持完整的電池容量。

　　鋰離子二次電池的放電電壓，一直到最後都能保持穩定，而且可在－20℃的低溫環境下放電，甚至在60℃的高溫環境下，放電電壓仍可維持穩定。放電電壓穩定，能延長電器設備的驅動時間。另外，由於它的電壓高、電能密度也高，所以，行動設備可因此實現小型化及輕量化的目標。主要用途包括數位攝影機、行動電話、筆記型電腦、PDA等。

　　另外還有鈕釦形的鋰離子二次電池，也就是「鋰鈦離子二次電池」。它的正極使用鋰錳複合氧化物，負極則是使用特殊的鋰鈦複合氧化物，電解液同樣使用有機電解液。鋰鈦離子二次

電池的公稱電壓是1.5V，大約可重複充放電500次。這種電池主要是與太陽能電池搭配成備用電源來使用，像是裝設在不須更換電池的太陽能電池手錶，以及太陽能電池計算機、太陽能搖控器等。

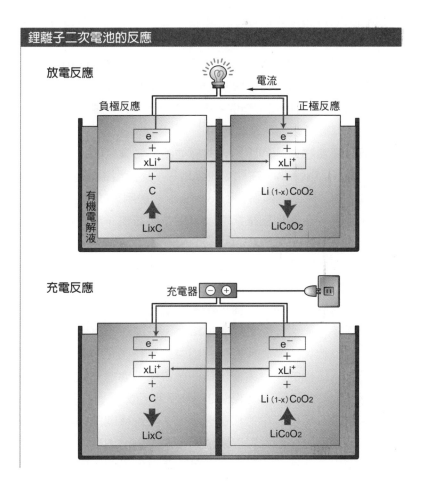

質子聚合物電池

「質子聚合物（Proton Polymer）電池」是化學反應非常快的新型化學電池。和以往的化學電池相比，質子聚合物電池在瞬間就能取得相當大的電流。此外，它可以在短短數分鐘內完成充電的動作，也可以重複充放電數萬次。由於質子聚合物電池沒有使用鉛、鎳、鋰等金屬物質，可說是相當環保的電池。雖然質子聚合物電池的性質，和藉由物理性過程蓄積電力的「電雙層電容器」相同，但質子聚合物電池是以化學反應來製造電力，所以被歸類為化學電池。

質子聚合物電池的正極與負極並不是金屬，而是使用一種名為「質子（Proton，在此處為氫離子）交換型導電性聚合物」的合成樹脂。所謂的聚合物（Polymer）一般用來統稱「高分子」的巨大分子，在這裡則是指可以導電並與氫離子產生化學反應的合成樹脂。

質子聚合物電池使用酸性水溶液作為電解液。它的構造也與以往的化學電池相同，同樣是由正極與負極將隔離膜夾在中間，再浸泡於電解液中。質子聚合物電池充電時，正極聚合物中的氫離子（H^+）會在電解液中移動，然後進入負極的聚合物裡面。相反地，放電時負極聚合物中的氫離子，則會經由電解液，再進入正極的聚合物裡。質子聚合物電池的充電與放電等化學反應，與鋰離子二次電池的化學反應相似。

氫離子在電解液中的移動速度快，與正極或負極等聚合物反應的時間較短，因此可以瞬間產生大電流，也可以在數分鐘的短時間內，快速完成充電。此外，氫離子遠比一般金屬化合物的離子來得小，即使是在發生化學反應的情況下，對聚合物也幾乎不會產生負面影響。質子聚合物電池可重複充放電的次

數高達數萬次，比以往的化學電池高出許多。數萬次的重複充放電次數，已超過搭配該電池的電子儀器本身的使用壽命，所以，使用質子聚合物電池的電子設備，幾乎都不需要更換與回收電池，也不必專為電池進行定期的保養、檢查等維護作業。

　　質子聚合物電池的充電時間極短，只需數分鐘左右。過去的電池從充電到可以運作的狀態，必須耗費較長的時間，往往造成相當大的不便，若使用質子聚合物電池，就完全不會有這方面的問題。因為它能在瞬間取得大電流，適合裝置在行動電話、手提立體音響、PDA等設備上，或安裝於數位相機、因應瞬間停電的不斷電系統等電器用品中。

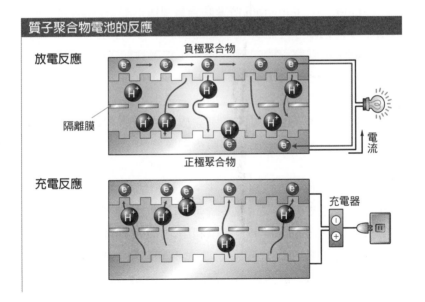

質子聚合物電池的反應

放電反應　　　負極聚合物

隔離膜

正極聚合物

電流

充電反應

充電器

鈉離子（NaS）電池

　　「鈉離子電池（NaS電池）」是電力儲能系統所用的二次電池。單電池的電動勢大約是1.78V～2.08V；正極使用的是硫（S），負極使用的是鈉（Na）。鈉離子電池的電解質並不是水溶液，而是一種名為「β-alumina」的鋁或鈉等氧化物所構成的化合物，為固體物質。此種電池必須在300℃左右的高溫下運作。

　　鈉離子電池放電之際，負極的鈉會在電極留下電子，而變成帶正電的鈉離子（Na^+），這個鈉離子會穿過固態電解質β-alumina。β-alumina的傳導面有著可讓鈉離子通過的孔洞，負極生成的鈉離子可經此傳導面的孔洞，移動到正極。而流經外部負載電路到達正極的電子（e^-），接著會與正極的硫發生反應，變成多硫化鈉（Na_2S_x）。

　　鈉離子電池充電之際，正極的多硫化鈉會分裂為鈉離子、電子與硫。鈉離子的移動方向則與放電時相反，是從正極往負極的方向移動，穿過固態電解質後到達負極，然後在負極接受電子而變回鈉。

　　鈉離子電池的電力儲能系統，則是將數百個此種單電池組合在一起，形成模組。此種系統可將夜間的多餘電力，暫時充電儲存，當需要的時候，便可以利用之前儲存的電力運作。裝設這類系統的場所，是屬於需要大量運用電力的高壓受電設施，例如：工廠、辦公大樓、醫院、大學或公共設施等。在夜間時先充好電力，到白天再行使用，如此一來，便可使電力負載平均化。另外，它也可以當成緊急電源使用。

NaS電池的反應

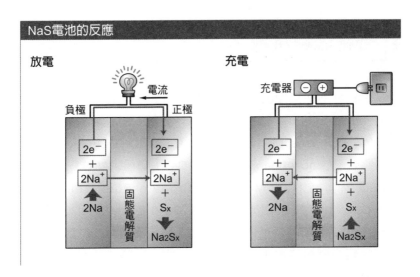

放電

電流

負極　　正極

| 2e⁻ | 2e⁻ |

固態電解質

2Na　Na₂Sₓ

充電

充電器

| 2e⁻ | 2e⁻ |

固態電解質

2Na　Sₓ　Na₂Sₓ

NaS電池的構造

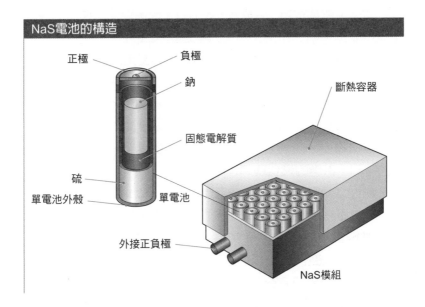

正極　　　負極

鈉

固態電解質

硫

單電池外殼　　單電池

外接正負極

斷熱容器

NaS模組

各種燃料電池

　　燃料電池依其使用的電解質（電解液），可分成「鹼性燃料電池」（Alkaline Fuel Cell；簡稱AFC）、「質子交換膜燃料電池」（Proton Exchange Membrane Fuel Cell；簡稱PEFC）、「磷酸燃料電池」（Phosphoric Acid Fuel Cell；簡稱 PAFC）、「熔融碳酸鹽燃料電池」（Molten Carbonate Fuel Cell；簡稱MCFC）、「固態氧化物燃料電池」（Solid Oxide Fuel Cell；簡稱SOFC）。上述所有的燃料電池都是藉由氫與氧的反應來取得電力，有些燃料電池會排出生成物、水，同時依其型態不同，電解質（電解液）也不相同。

　　此外，依電解質（電解液）的不同，使得電池運作時的溫度也有所變化，因此電池又可分為低溫型與高溫型。使用液態電解質的鹼性燃料電池、磷酸燃料電池，與使用固態電解質的質子交換膜燃料電池，都屬於低溫型燃料電池，在這類電池裡，電極部分需要白金（Pt）來當觸媒。至於高溫型燃料電池又分為使用高溫液態電解質的熔融碳酸鹽型，以及使用固態電解質的固態氧化物型，但高溫型就不需要白金觸媒了。依電池運作溫度的不同，供應的燃料種類也不一樣。

　　鹼性燃料電池（AFC）使用氫氧化鉀（KOH）溶液作為電解液。當放電時，氫氧根離子（OH^-）便在電解液中移動。燃料使用的是純氫，運作溫度從常溫至$100^\circ C$，發電效率為45%～60%。美國太空開發小組的雙子星計畫（Project Gemini）及阿波羅計畫所發射的太空船，即是使用鹼性燃料電池作為電源，也是將鹼性燃料電池實用化的首例。

　　磷酸燃料電池（PAFC）的電解液採用磷酸（H_3PO_4）水溶液。當放電時，氫離子（H^+）便在電解液中移動。以氫為燃

料，運作溫度大約是200℃，發電效率達到45%～50%。目前磷酸燃料電池已被導入工廠及醫院場所中，作為可提供50kW～200kW電力與排熱的汽電共生設備。由於磷酸燃料電池發電時，完全不會產生機械性的振動，所以，對於些微振動都可能妨礙手術進行的腦外科醫院而言，磷酸燃料電池獲得了良好的評價。

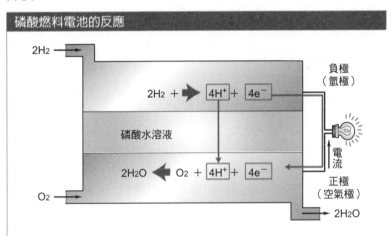

磷酸燃料電池的反應

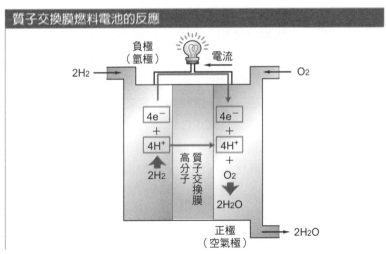

質子交換膜燃料電池的反應

　　質子交換膜燃料電池（PEFC）採用高分子的質子（此處為氫離子）交換膜作為電解質。當放電時，氫離子便在交換膜中移動。運作溫度從常溫至100℃左右，發電效率則是30%～40%。雖然目前質子交換膜燃料電池的燃料是使用氫，但現階段已在進行「直接甲醇型」的研究，也就是希望能利用甲醇（酒精）這種氫化合物直接反應。質子交換膜燃料電池可供應數W至250W的電能，目前研發已從實驗階段迅速進入實證階段，並朝向實用化階段前進。可運用範圍包括：行動電話、筆記型電腦等小型攜帶型機器，以及燃料電池汽車、住宅用的汽電共生發電設備等。

　　熔融碳酸鹽燃料電池（MCFC）的電極部分，使用的不是高價的白金，而是鎳（Ni）。電解液則是利用高溫熔解的碳酸鹽。當放電時，在電解液中移動的是碳酸根離子（CO_3^{2-}），燃料則是使用氫與二氧化碳。運作溫度大約是650℃，發電效率則是50%～65%。熔融碳酸鹽燃料電池可供應數百kW至數十萬kW的電能。在研發進展方面，目前已從實驗研究階段進入實證階段，可取代大型火力發電廠與分散型發電設備，甚至是大規模的汽電共生發電設備。白金電極雖會產生妨礙電池反應的二氧化碳，卻可以供鎳電極使用。因此，利用氧化熔融爐，從可燃性廢棄物取得氫與二氧化碳來進行發電的廢棄物發電系統，以及利用家畜的糞尿或廚餘發酵，來取得沼氣（含有大量甲烷）使用的甲烷氣發電系統等，都在檢討與研究之列。

　　固態氧化物燃料電池（SOFC）以陶瓷作為電極，電解質使用的也是陶瓷。當放電時，氧離子（O^{2-}）會在電解質中移動。燃料使用的是氫與一氧化碳（CO）。運作溫度大約是1,000℃，發電效率為55%～70%。固態氧化物燃料電池可供應數百kW至數萬kW的電能。在應用方面，目前也已從實驗研究階段進入實證階段。在使用範圍方面，可取代中規模火力發電廠與分散型

發電設備,以及中規模的汽電共生發電設備。藉由陶瓷電極的觸媒作用,可以從沼氣中直接取得氫,因此不需要「改質器」,進而縮小發電系統的大小。此外,磷酸燃料電池的壽命目前大約是 5 年,而如果是全部由陶瓷構成的固態氧化物燃料電池,則有10年以上的壽命。

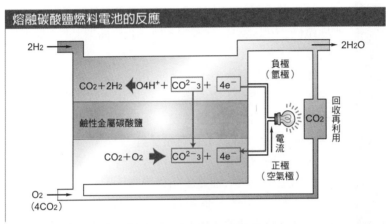

熔融碳酸鹽燃料電池的反應

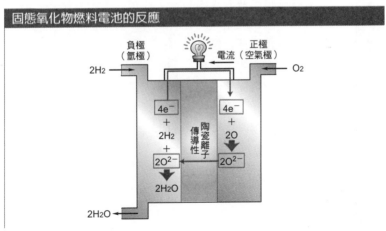

固態氧化物燃料電池的反應

電池的電壓大小，由構成負極與正極的金屬組合來決定。

金屬在水溶液中會釋出電子（e^-）而轉變成帶正電荷的離子，此稱為「離子化傾向」。容易變成陽離子的金屬，可稱為離子化傾向較大；難以變成陽離子的金屬，就稱為離子化傾向較小。此外，金屬變成離子時的電壓大小，為該金屬特有的性質，而這個電壓便稱為「標準電極電位」，以氫（H）為基準，離子化傾向越大的金屬，負的電壓就會越大。

從負極的部分來看，負極所用的金屬，會在負極留下電子，變成帶有正電的離子，並產生溶解於電解液內的化學反應。因此，負極就變成了帶負電的電子過剩的狀態。從電解液來看，亦即電壓呈負。

而在正極的部分，正極材料所具有的電子會與電解液中的陽離子結合，而產生化學反應，因此，正極就變成了電子不足的狀態。從電解液來看，也就是電壓呈正。

用導線將正極與負極的端子連結後，兩電極為達到電荷中和，負極過剩的電子就會從導線移往正極。電流的移動方向與電子相反，所以電流就從電池的正極流向負極。正極的電壓與負極的電壓合併後，就是電池的電壓了。

元素	離子	標準電位（V）
鋰（Li）	Li^+	-3.045
鉀（K）	K^+	-2.925
鈣（Ca）	Ca^{2+}	-2.866
鈉（Na）	Na^+	-1.714
鋅（Zn）	Zn^{2+}	-0.763
鐵（Fe）	Fe^{2+}	-0.44
鎘（Cd）	Cd^{2+}	-0.403
鉛（Pb）	Pb^{2+}	-0.126
氫（H_2）	$2H^+$	±0
銅（Cu）	Cu^{2+}	0.337
氧（O_2）	OH^-	0.401
碘（I_2）	I^-	0.535
水銀（Hg）	Hg^{2+}	0.792
銀（Ag）	Ag^{2+}	0.799
溴（Br_2）	Br^-	1.075
氯（Cl_2）	Cl^-	1.359
氟（F_2）	F^-	2.65

3

化學電池的誕生與演進歷史

世上最古老的電池是巴格達電池？

目前被視為世界最古老的電池，據說是距今2000年前的「巴格達電池」。巴格達電池是帕提亞時代（Parthia, B.C. 248～A.D. 226）所留下來的東西，在一九三二年時，由德國考古學家柯尼哥（Wijhelm Konig）於伊拉克首都巴格達郊外的一處遺跡挖掘出土。

巴格達電池使用黏土製成的小陶壺，從壺口部分置入圓筒形的銅罐，並將銅罐中注滿電解液，於正中央插入鐵棒，再用柏油密封壺口，以支撐與固定鐵棒。

從藉由化學反應來產生電力這點來看，巴格達電池和現代化學電池具有相同的結構。圓筒形銅罐是正極，而插在電解液中的鐵棒就發揮了負極的功能。在電解液的部分，一般認為是使用醋或葡萄酒之類的物質，但實際上究竟注入了什麼，目前尚未有明確的解答。而巴格達電池所生成的電壓，一般推估為1.5V～2V左右。

在當時，這種壺狀電池可能是用來提供為戒指、項鍊等飾品表面鍍上金或銀等金屬時所需要的電源。但也有另一派人質疑它具有電池功能的可能性，真實答案尚無從得知。相對於從希臘時代（西元前600年左右）就已經知悉的「靜電」，我們今日所用會產生流動電流的電力，又稱為「動態的電」（Dynamic Electricity）。一般認為，動態的電是於距今200年前的十八世紀發現的。如果這個在距離「發現動態的電」很久之前就已經存在的巴格達小陶壺，可以被列為電池的話，那麼它將會改寫流動電流的歷史。

巴格達電池的構造

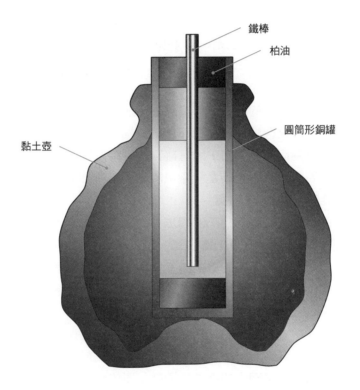

鐵棒

柏油

圓筒形銅罐

黏土壺

伽伐尼的實驗

發現「經由化學反應來創造電力」此一化學電池原理的時間及地點，是在一七九一年的義大利。發現者是路依吉‧伽伐尼（Luigi Galvani, 1737~1798）。出生於義大利波隆納（Bologna）的伽伐尼是一位解剖學家，同時也是一位生物學家。

一七八〇年伽伐尼於波隆納大學擔任教授，他發現轉動中的發電機所發散的火花，接觸到一旁已剝除皮膚的青蛙腿後，青蛙就會像活存時一樣，腿部出現了抽動痙攣的情況。當時，伽伐尼解剖用的手術刀，剛好碰到放在金屬盤上的青蛙腿，於是伽伐尼便猜想，應該是發電機放出的電跑到空氣中，因而造成青蛙腿出現痙攣的現象。

伽伐尼為了確認自己的想法，便以黃銅鉤穿過已解剖的青蛙腿，然後將它垂掛在鐵柵上，但這個實驗只得到失敗的結果。因為發電機所放的電，並不會引起青蛙腿痙攣。不過，卻經由這個實驗發現，每當穿過青蛙腿的黃銅鉤接觸鐵柵時，青蛙腿就會出現痙攣的現象。

為了釐清青蛙的肌肉產生痙攣的原因，伽伐尼便反覆進行多次實驗，後來也提出動物體內存在電力的結論。伽伐尼認為，當蓄積在肌肉內的電力放電時，肌肉就會產生活動，因此將它命名為「動物電」，並於一七九一年發表以「電力作用與肌肉運動之關聯性」為題的論文。

然而，伽伐尼提出的動物電理論，卻被同為義大利籍的物理學家亞歷山大‧伏特（Alessandro Volta, 1745~1827）（參照下個單元）推翻。從伏特的研究得知，青蛙腿之所以會出現痙攣，並不是因為動物肌肉中的原有電力產生作用，而是因為黃

銅與鐵這兩種不同類型的金屬接觸而產生電力，才致使肌肉發生收縮的現象。這種「不同種類的金屬發生反應可產生電力」的推論，就成為後來化學電池的原理。

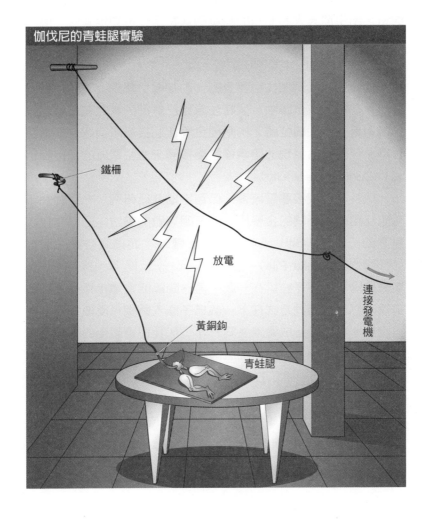

伽伐尼的青蛙腿實驗

鐵柵

放電

黃銅鉤

青蛙腿

連接發電機

發明電池的伏特

電池發明於一八○○年的義大利，發明者就是亞歷山卓‧伏特。出生於義大利北方的科莫的伏特是一位物理學家，他曾是科莫王立學院的物理學教授，後來成為帕維亞大學的教授，之後又進入帕德巴大學擔任教授。

伏特為了確認伽伐尼發表的「動物電」學說，而開始進行實驗。在無數次實驗中，伏特注意到已解剖的青蛙腿之所以會痙攣，是連接於青蛙腿上的兩種金屬彼此接觸所造成。一七九七年，伏特終於發現透過兩種金屬接觸來產生電流的「接觸電流」（Contact Electricity）。

伏特在發現接觸電流後，仍舊持續進行研究。一七九九年時他利用兩種不同的金屬片，以三明治般的夾法，把以食鹽水濡濕的紙夾在中間，成功地製造出電力，而這個裝置則稱為「伏特電堆」（Volta Pile）。接著在隔年一八○○年，伏特將許多裝著食鹽水的杯子並排在一起，再於間隔的食鹽水杯裡，插入銅板，然後以相同方式在下一個杯子插入錫板，反覆連接銅板與錫板，將它製造成電池。同一年，伏特把實驗用的兩種金屬改為鋅板及銅板，並改用稀硫酸取代食鹽水，也成功產生了電力，而這就是目前所知的「伏特電池」。

伏特電池的「電動勢」（Electromotive Force）是1.1V。推動電流的能量就稱為「電動勢」，它的單位以電壓「V」表示。電壓單位「V」的讀音是「伏特」，因為發明電池的人是伏特，故以他的名字來命名。

伏特電堆

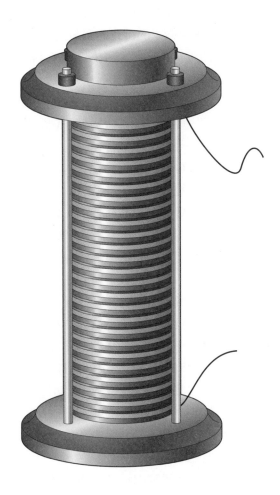

伏特電池的原理

「伏特電池」在稀硫酸（硫酸H_2SO_4的稀釋水溶液）中，插入了銅板與鋅板兩種電極，而這究竟會發生什麼變化呢？

插入稀硫酸的鋅板，由於鋅（Zn）會在鋅板留下2個電子（e^-），變成鋅離子（Zn^{2+}）而溶出，因此鋅板部分就變成電子過剩的情況，而鋅板本身成為帶有負電的狀態。相反地，溶在稀硫酸液中的鋅離子，則因為少了2個電子而成為帶正電的狀態。

另一方面，銅板雖然幾乎不會溶化，但因為銅（Cu）的電子會被稀硫酸中的氫離子（H^+）拉走，而呈現些微游離狀態，因此僅帶有一點點正電。在此種狀態下，以導線連接鋅板與銅板後，存在於鋅板的過剩電子，就會穿過導線，移動至銅板。

稀硫酸中分別存在著帶有正電的氫離子，以及帶有負電的硫酸根離子（SO_4^{2-}）。正極鋅板上帶有正電的鋅離子會溶於稀硫酸中，因此鋅板便留下2個電子。氫離子與鋅離子雖然都是帶有正電的陽離子，但和鋅相較下，氫的離子化能力較弱；反之，氫捕捉游離電子、回到分子狀態的能力就比較強，因此，氫離子就會和移往銅板的電子結合，變成氫氣（H_2）。

稀硫酸溶液中，因為氫離子在銅板捕獲電子後會變成氫氣，因此氫離子會減少，而鋅板的部分則會溶出鋅離子。流入銅板的電子因不斷與氫離子結合而消耗後，鋅板的電子又會陸續穿過導線，移動至銅板。

這種原理，基本上是利用電子會不斷地從鋅板穿過導線並移動至銅板，一直到鋅板耗盡或稀硫酸中的氫離子消失為止的反應。伏特電池製造電力的原理和現在的電池完全相同。

伏特電池的結構

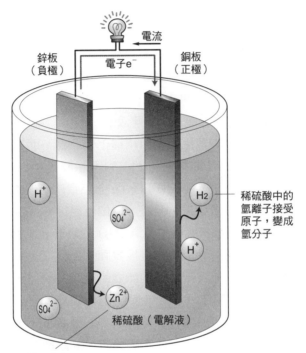

電流

鋅板
（負極）

電子e⁻

銅板
（正極）

H⁺

SO₄²⁻

H₂ —— 稀硫酸中的
氫離子接受
原子，變成
氫分子

H⁺

SO₄²⁻

Zn²⁺

稀硫酸（電解液）

鋅離子溶出，
電解液保持電中性

因產生氣泡而無法使用的伏特電池

伏特電池藉由鋅的「氧化」與氫的「還原」兩種化學反應，創造出電流流動。電流流動的方向又和電子的移動方向相反，因此電流是從銅板穿過導線而流向鋅板。此種情況下，電流流出的銅板就是電池的「正極」，電流流入的鋅板則是電池的「負極」，而稀硫酸液便是「電解液」。

伏特電池藉由氧化與還原兩種化學反應，而得以發揮電池的作用。然而，在氫離子（H^+）的還原反應中卻出現一個問題；在電解液中，氫離子與電子（e^-）結合所形成的還原反應，雖然是於正極銅板發生，但是，這個反應卻會使浸在稀硫酸電解液中的正極銅板表面產生氫氣（H_2）的氣泡。這個氫氣氣泡會不斷地產生，並附著在正極銅板表面。不久之後，銅板浸泡在電解液的部分，就會被氫氣的氣泡所覆蓋。一旦正極的銅板整個被氫氣氣泡包覆住時，就無法與電解液直接接觸。

如此一來，位於稀硫酸電解液中的氫離子，也就無法與正極銅板的游離電子結合。原本因氫離子還原反應而在稀硫酸液中生成的氫氣，卻會妨礙新的氫離子還原反應進行，導致原本不斷發生的氫離子還原反應停止，也使應該流動的電流在同時間停滯下來。

此種現象便稱為「極化作用」。當需要製造實用並能在一定時間內持續流動電流的電池時，首要之務就是解決這個棘手的大問題。

伏特電池的反應

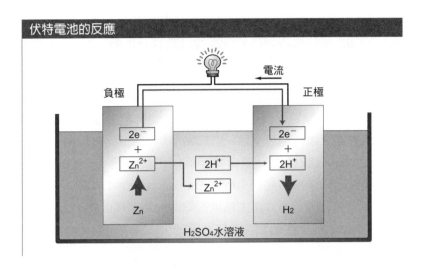

負極

電流

正極

2e⁻
+
Zn²⁺

Zn

2H⁺

Zn²⁺

2e⁻
+
2H⁺

H₂

H₂SO₄水溶液

反應持續進行後，正極即產生氣泡並發生極化作用

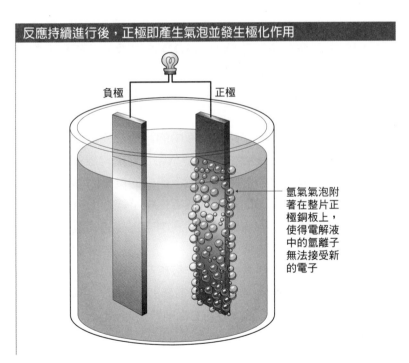

負極

正極

氫氣氣泡附
著在整片正
極銅板上，
使得電解液
中的氫離子
無法接受新
的電子

丹尼爾電池不會產生極化現象

「伏特電池」會因為氫離子的還原反應而產生氫氣氣泡，當氫氣氣泡完全覆蓋正極銅板的表面時，便會產生極化作用，此作用會影響之後的還原反應，造成電池無法使用。

因此，有許多化學學者著手解決這個問題。一八三六年時，英國化學學家丹尼爾（John Daniell, 1790~1845），利用兩種電解液，發明了不會產生氫氣的電池。他也是以鋅（Zn）與銅（Cu）作為電極，這點和伏特電池相同，不過，丹尼爾利用素陶隔板，先隔開兩種不同的電解液，然後將電極分別放入兩種電解液中。

浸泡鋅板電極的電解液是硫酸鋅（$ZnSO_4$）水溶液；浸泡銅板電極的電解液則是硫酸銅（$CuSO_4$）水溶液。硫酸鋅水溶液中，存在著帶負電的硫酸根離子（SO_4^{2-}），與帶正電的鋅離子（Zn^{2+}）；而硫酸銅水溶液中則有帶負電的硫酸根離子（$SO4^{2-}$），以及帶正電的銅離子（Cu^{2+}）。

先來看看浸泡在硫酸鋅水溶液中的鋅板電極。在此，鋅會留下兩個電子（e^-）在鋅板上，而變成帶正電的鋅離子溶出；又因鋅板電極上有鋅離子溶出，便留下過多的電，因而變成帶負電的狀態。這時利用導線連接兩個電極後，鋅板上過剩的電子便會移動至銅板，並與硫酸銅水溶液中帶正電的銅離子結合，變成金屬銅。

如此一來，電子便會從負極鋅板移至正極銅板，促使電池發揮作用，這項化學反應中並沒有氫參與，所以「丹尼爾電池」不會發生極化現象。丹尼爾電池的電動勢約為1.1V。

丹尼爾電池的構造

銅極
（正極）

鋅極
（負極）

硫酸鋅水溶液

硫酸銅水溶液

玻璃容器

素陶容器

丹尼爾電池中素陶隔板的作用

丹尼爾（Daniell）電池的特徵，就是使用素陶隔板來隔開硫酸鋅（$ZnSO_4$）水溶液與硫酸銅（$CuSO_4$）水溶液兩種電解液。而這個「素陶隔板」其實還具有非常重要的功能。

假使沒有隔板，兩種電解液將會混在一起，而帶有正電的銅離子（Cu^{2+}）就可能跑到鋅板電極處。如此一來，原本應該從鋅板電極穿過外部導線，移動到銅板電極，並與銅離子結合的電子，卻會因此不動，就直接和鋅板電極結合。當電子不從鋅板電極移動至銅板電極時，電流就不會流動，自然也就無法發揮電池的作用。

相反地，假使將兩種電解液完全阻絕，也會產生其他的困擾。硫酸鋅水溶液中有著從鋅板溶出的鋅離子（Zn^{2+}），然而，一旦水溶液的鋅離子持續增加，水溶液本身就會帶有正電。當鋅離子溶出到一定程度後，就無法再繼續溶出，反應便宣告終止。

另一方面，硫酸銅水溶液中，只有銅離子與移動至銅板電極的電子結合，並於銅板表面變成銅而析出，因此這部分的水溶液本身就帶有負電。在帶負電的水溶液中，原帶有正電的銅離子已經和來自於銅板電極的電子結合，便無法再變成金屬銅析出，反應也因此停止。一旦這兩種反應停止，電池就無法發揮應有的作用。只要利用素陶隔板，就能解決上述問題。

素陶製的隔板上有許多極細小的孔洞。小分子與離子即可藉由這些小孔洞穿過素陶隔板，相對地，大分子及粒子就無法穿越這些孔洞。

硫酸銅水溶液中的銅離子比素陶隔板上的孔洞來得大，所以無法穿過隔板，也就是銅離子無法到達置於硫酸鋅水溶液中

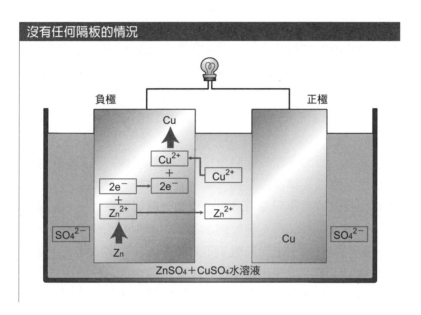

沒有任何隔板的情況

負極　　　　　　　　　　正極

Cu

Cu^{2+}
＋
$2e^-$

$2e^-$

Cu^{2+}

Zn^{2+}　　　　　　Zn^{2+}

$SO_4{}^{2-}$　　　　　　　　　Cu　　　$SO_4{}^{2-}$

Zn

$ZnSO_4＋CuSO_4$水溶液

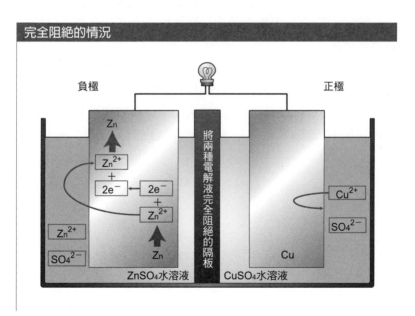

完全阻絕的情況

負極　　　　　　　　　　正極

Zn

Zn^{2+}
＋
$2e^-$　　$2e^-$
＋
Zn^{2+}

將兩種電解液完全阻絕的隔板

Cu^{2+}

$SO_4{}^{2-}$

Zn^{2+}

$SO_4{}^{2-}$　　Zn　　　　　　Cu

$ZnSO_4$水溶液　　$CuSO_4$水溶液

的鋅板電板，只能在銅板的電極反應。可以說，銅離子完全被素陶隔板擋在正極。如此一來，硫酸銅水溶液中，銅離子與移動至銅板電極的電子結合的機會就會減少，變成金屬銅的機會也會減少，相對地，水溶液中的硫酸根離子（$SO_4{}^{2-}$）就會過剩。如果這種情況持續下去，就會變成帶負電，而使反應停止。

　　然而，因為過剩的硫酸根離子比素陶隔板的孔洞來得小，因此可以穿過孔洞移動至另一極。這時硫酸鋅水溶液內，因為從鋅板溶出鋅離子而使得鋅離子變多，讓硫根酸離子相對變少（換言之就是帶正電）。硫酸銅水溶液中過剩的硫酸根離子，可以穿過素陶隔板，往硫酸離子不足的硫酸鋅水溶液移動，於是兩種電解液便可以保持電中性，化學反應也得以一直持續到鋅板全部溶出，或是硫酸銅水溶液中的銅離子全部沒有為止。

　　這種具有許多非常小孔洞的物質，一般稱為「多孔質」。現在的電池已不再使用素陶隔板，而改以名為「隔離膜」的多孔質隔板代替。

　　丹尼爾電池由於使用素陶隔板，所以不會產生極化現象，並能持續產生穩定的電流，它也是最早實用化的電池類型。只是，用來作為電極的鋅板非常容易離子化，致使電解液很快就會出現飽和狀態，因此，在一定時間內必須經常替換與更新。

硫酸根離子選擇性地穿過素陶隔板的情況

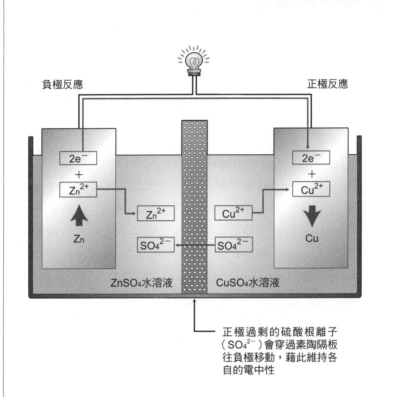

負極反應

正極反應

$2e^-$
$+$
Zn^{2+}

Zn^{2+}

Cu^{2+}

$2e^-$
$+$
Cu^{2+}

Zn

SO_4^{2-}

SO_4^{2-}

Cu

$ZnSO_4$水溶液

$CuSO_4$水溶液

正極過剩的硫酸根離子
（SO_4^{2-}）會穿過素陶隔板
往負極移動，藉此維持各
自的電中性

葛洛夫電池

　　兼具英國律師、法官身分，同時也是物理學教授的威廉·羅勃特·葛洛夫爵士（Sir William Robert Grove, 1811~1896）發明了兩種電池，也因此成為今日聞名全球的燃料電池之父。

　　在葛洛夫爵士發明的第一個電池裡，有浸泡著鋅（Zn）的稀硫酸（H_2SO_4的稀釋水溶液）電解液，以及浸泡著白金（Pt）的濃硝酸（HNO_3）電解液，並以多孔質的隔離膜夾在兩種電解液之間。這一種「葛洛夫硝酸電池（葛洛夫電池）」的電動勢約1.8V，大約是丹尼爾電池的兩倍，可產生12A左右的電流。由於葛洛夫（Grove）電池可以製造較大的電流，因此美國電報公司（American Telegraph Company）在電報通訊的萌芽時期，便將葛洛夫電池視為較具實用性的電池來使用。

　　然而，隨著電報的普及，葛洛夫電池也逐漸廣泛應用在各種用途後，大眾卻開始發現葛洛夫電池會漏出具有毒性的二氧化氮（NO_2）氣體。在大型電報公司裡，排列成堆的葛洛夫電池還會發出「咻咻」的聲音，使空間裡充滿了外洩的危險氣體。此外，因電報通信量增多，電源的使用電壓就必須要更加固定和穩定，不過，一旦葛洛夫電池的硝酸有所消耗後，電壓就會下降，因此在南北戰爭期間（一八六○年左右），葛洛夫電池已經完全被丹尼爾電池取代。

　　但是，在一八七八年三月二十五日，日本點亮的第一盞電燈卻使用葛洛夫電池作為電源。這一天，日本工部省電信局於東京木挽町，也舉辦了慶祝中央電信局開業的盛大宴會。在東京大學工學部的前身，也就是東京虎之門工部大學舉辦的慶祝宴會上，擔任工部大學的外籍教師艾爾頓（William Edward

Ayrton），使用了50個葛洛夫電池，來點亮設置在講堂天花板上的弧光燈（Arc Lamp）。從此三月五日也被訂為日本的電氣記念日。

葛洛夫電池的構造

白金極
（正極）

濃硝酸

鋅極
（負極）

玻璃容器

稀硫酸

素陶容器
（隔離膜）

第一個燃料電池＝氣體電池

　　葛洛夫爵士發明的第二個電池是「氣體電池」（Gas Cell），可說是現代燃料電池的先驅，而這個電池是在一八三九年問世。

　　氣體電池發明的契機，起源於分解水的電力實驗，也就是藉由電流的流動來將水（H_2O）分離為氫（H_2）與氧（O_2）的實驗。葛洛夫爵士認為，如果以反向的方式結合氫與氧，應該就能取得電力與水，為此他展開了實驗。

　　在葛洛夫爵士的實驗中，將上方部分設計成密閉狀態，並把白金（Pt）電極直立插入裝有稀硫酸（H_2SO_4稀釋水溶液）電解液的管子裡。先以倒置實驗管的方式，在每個管子中填充氫氣與氧氣，接著再將電解液填滿管子下部。這個實驗的裝置還連接一個電壓計，主要是用來確認顛倒實驗裝置的功能，也就是確認利用電分解水的逆反應，使氫氣與氧氣作用，的確能夠產生電力。

　　這個實驗最後成功了。葛洛夫爵士利用氫氣、氧氣、電解液與白金觸媒的作用，發現電能產生的重要關鍵。後來葛洛夫爵士更窮盡畢生心力，尋求讓電流更穩定的方式，並尋找稀硫酸以外的合適電解液。在他發現數種可用的電解液後，仍然不斷地尋找能夠產生更穩定電力的電解液。

　　不過，因為葛洛夫爵士並沒有想要藉由電池來發展事業，當時也還沒有出現應用這種氣體電池的需求，因此，即便在葛洛夫爵士之後長達130年的時間裡，氣體電池也完全沒有為人們使用的機會。但近年來，氣體電池開始被視為具有環保和高效率等優點的能源而備受矚目。這種最早由葛洛夫爵士發明的電池，也成為現代磷酸燃料電池（PAFC）的原型。

葛洛夫的氣體電池實驗

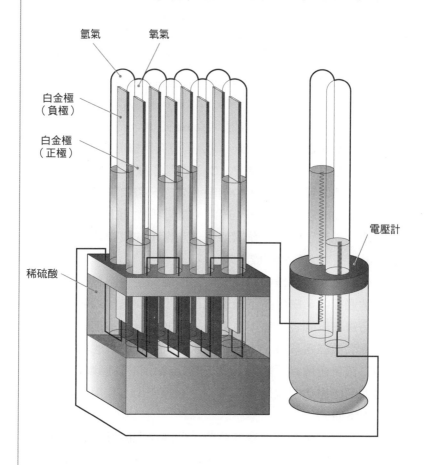

氫氣　　　氧氣

白金極
（負極）

白金極
（正極）

電壓計

稀硫酸

第一個燃料電池的構造

葛洛夫爵士發明的「氣體電池＝燃料電池」內，在其含有氫氣的管子裡，氫氣與白金（Pt）電極產生反應後，成為帶正電的氫離子（H^+），並溶於電解液中。氫端的白金電極（氫極），因為留下氫離子而造成電子（e^-）過剩，形成帶負電的狀態。在此狀態下，用導線連接氫電極與氧端的電極（空氣極）後，氫極過剩的電子就會移至空氣極，電流則從空氣極流向氫極。

另一方面，在裝有氧氣（O_2）的管子裡，從氫極過來的電子，會與氧以及在電解液中移動而來的、帶有正電的氫離子相結合，而變成了水（H_2O）。同時，當分子從自由移動、能量大的氣體，變成了聚集、難以活動、能量小的液體時，所有多餘的能量就被變成熱而釋放出來。

燃料電池的正極與負極雖然都使用白金，但是在製造電力的反應過程中，白金並不會溶解，也不會與其他物質結合。白金具有會在表面吸附氫與氧氣分子，並使原子呈現分散狀態的性質。而像白金一樣，本身不發生變化而是令其他物質產生變化的材質，統稱為「觸媒」，它的作用則稱為「觸媒作用」。燃料電池應該也可以說是藉由電極的觸媒作用，利用氫與氧取得電力的電池。

白金是價格相當昂貴的金屬，但運作溫度低的磷酸燃料電池或質子交換膜燃料電池，必須使用在常溫即可發揮觸媒作用的白金作為電極。至於像運作溫度較高的熔融碳酸鹽燃料電池和固態氧化物燃料電池，則是使用價格低廉的鎳，或在高溫下易發揮觸媒作用的陶瓷作為電極。

最早燃料電池的反應式

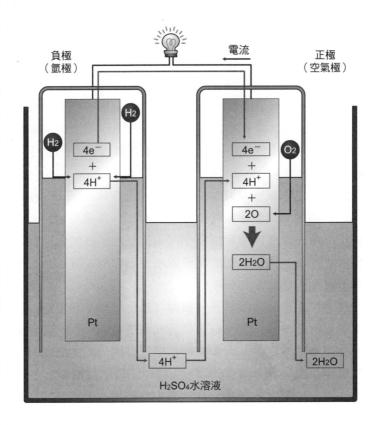

勒克朗謝電池

法國科學家勒克朗謝（Georges Leclanché, 1839~1882）在一八八六年發明了「勒克朗謝（Leclanché）電池」。

勒克朗謝在二氧化錳（MnO_2）裡混入少量的碳粉末（C），然後將它填充於多孔質的素陶容器中，再把碳棒插入容器正中央，製作出正極。負極則是使用了鋅棒（Zn）。最後將裝著正極的素陶容器，以及負極的鋅棒，一起浸入氯化銨（NH_4Cl）水溶液裡，製成電池。

浸泡在氯化銨水溶液中的負極鋅，會在電極留下 2 個電子（e^-），本身則變成帶正電的鋅離子（Zn^{2+}），並溶於水溶液中。鋅留下的電子會使負極變成電子過剩的狀態。在利用導線連接負極與正極後，負極過剩的電子就能通過導線，移動至正極的碳棒，電流則以反方向流動。

移動至正極碳棒的電子，會與從氯化銨水溶液穿過素陶容器而滲入的氫離子（H^+），在碳棒周圍發生反應而形成氫（H_2）。氫在此不會變成氣泡，而會繼續和填充在碳棒周圍的二氧化錳發生氧化反應，最後變成水（H_2O），二氧化錳則變成氧化錳（MnO）。藉由二氧化錳的幫助，勒克朗謝電池便不會像伏特電池一樣出現氫氣氣泡附著在電極表面的「極化」現象。像二氧化錳這類用來防止極化現象的物質，便稱為「去極化劑」（Depolarizer）。

勒克朗謝電池的電動勢為1.5V。勒克朗謝電池的電解液使用的是氯化銨水溶液，因此被歸類「濕電池」，但它所運用的材料及化學反應，其實和我們使用的錳鋅乾電池最初的原型完全相同。

勒克朗謝電池的構造

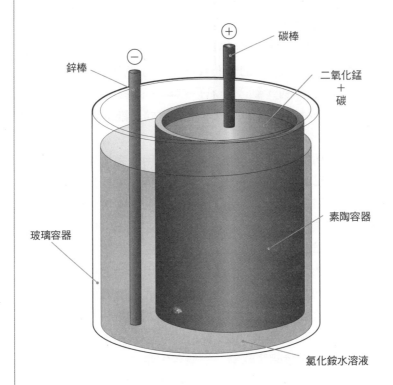

鋅棒　　（－）

（＋）　碳棒

二氧化錳
＋
碳

玻璃容器

素陶容器

氯化銨水溶液

乾電池的誕生

勒克朗謝電池以前非常重，而且又容易損壞。隨著電池普及，勒克朗謝電池也逐年改良。一八八一年時，狄波特（J.A. Thiebaut）在兼具負極作用的鋅（Zn）罐中，裝入填充了正極碳棒與二氧化錳（MnO_2）的多孔質容器與電解液，並取得第一項一體化構造的專利。到了一八八六年，德國的卡爾‧蓋斯南（Carl Gassner）完成了足以應用於實際功能的第一個「乾電池」。

蓋斯南所開發的第一個乾電池，使用具有負極功能的鋅罐作為容器，又以氯化銨（NH_4Cl）電解液與石膏粉混合，調製成糊狀，然後裝入容器作為電解液。接著在該電解液中，又加入二氧化錳與碳粉混合而成的去極化劑，並在正中央插入碳棒做成正極，接著將整個正極構造，用紙袋包起來浸泡，這個紙袋就是擔任多孔質隔離膜的角色。最後再用柏油密封整個鋅罐，避免電解液的水分蒸發。蓋斯南利用糊狀電解液所製成的「乾電池」即使傾斜或倒置，電解液都不會潑灑出來。

但是，其實還另有一位日本人屋井先藏（1863～1927），他比蓋斯南早一年發明了乾電池。屋井先藏發明了一種讓許多電池時鐘連動並指向同一時間的「連續電池時鐘」，然而，當時所使用的勒克朗謝電池並不理想，因此他便著手進行改良，也設想了一些方式，例如用電解液浸溼紙張等。不過，他實際製作出全世界第一個乾電池，並取得專利的時間卻是在一八九三年，比蓋斯南來得晚。而他所製造的電池則稱為「屋井乾電池」。

屋井先藏於發明乾電池的第二年，也就是一八八六年（明治十九年），在東京都台東區成立了屋井乾電池股份有限公司。

屋井製造的乾電池因為被使用在帝國大學（現在的東京大學）理學部的地震儀上，而受到各界矚目。一八九二年時（明治二十五年），屋井乾電池更在芝加哥所舉辦的萬國博覽會展出。隔年，從美國進口的乾電池明顯就是仿照屋井乾電池所製，但是，在進口物品被尊稱為「舶來品」的時代，進口電池屬於貴重物資，尚未取得專利的屋井乾電池反而受到複製的乾電池擠壓。直到一八九四年（明治二十七年）時，日清戰爭（中日甲午戰爭）爆發，屋井乾電池成為日本陸軍通訊設備的電力來源，再加上屋井乾電池在寒冷地帶仍可正常作用，所以得到良好的評價，終於使屋井乾電池敗部復活。不久之後，屋井也獲得了「乾電池王」的稱號。

屋井乾電池

提供／社團法人電池工業會

日本人與電池

　　如前一單元所述，日本人與近代的電池發展也有非常大的關聯，例如：幕府時代末年，以思想家、兵法家聞名的佐久間象山（1811～1864），在科學家的身分方面，也留下了知名的功績，因為他製造出日本第一個「丹尼爾電池」。

　　在一八四九年（嘉永二年）時，象山參照了荷蘭的《喬麥爾（CHOMEL）百科事典》，組裝出電報機，並且將絲線捲繞在銅線上，製造出名為「絲包線」（Silk Covered Wire）的電線。接著，他將電線架設在相距約70公尺遠的松代藩鐘樓與御使者屋之間，成功完成了日本首次的電報通訊。當時為了提供電報機的電力需要，促使象山製造出丹尼爾電池。目前在象山的故鄉長野縣長野松代町已設有象山紀念館，而完成電報機實驗的地點松代藩鐘樓，也被視為電報起源遺跡而予以保留。

　　前一單元所提到的屋井先藏，是一八六三年（文久三年）出生於日本新潟縣長岡的人士。屋井從13歲開始就在鐘錶店當學徒，他以習得的技術為基礎，發明了讓許多電池時鐘連動並指向同一時間的「連續電池時鐘」。然而，當時所使用的勒克朗謝電池並不理想，於是屋井只好著手改良電池，例如：以電解液將紙浸溼等，進行多方嘗試。直到一八八五年（明治十八年），屋井才製造出全世界第一個乾電池。然而，前面也曾經提到，很可惜這個乾電池取得專利的時間是一八九三年（明治二十六年），比蓋斯南取得專利的時間還晚。

　　還有像第二代島津源藏（1869～1951）也製作出普蘭第式「鉛蓄電池」。在京都創立了島津製作所的第一代島津源藏，於一八六九年（明治二年）生下了長男梅次郎，也就是第二代島津源藏，梅次郎於一八九五年（明治二十八年）完成了普蘭第式鉛

蓄電池的試作品。

　　成功製造日本第一個蓄電池的島津源藏，於一八九五年在日本成立了日本電池，開啓蓄電池的產業發展。日本電池的商標「GS」，其實是日本電池的創業者，也就是第二代島津源藏的英文發音「Genzo Shimazu」的縮寫。此外，在倫琴博士（Wilhelm Conrad Roentgen）發現X光線的隔年即一八九六年（明治二十九年），島津源藏也在日本成功拍攝出X光照片。之後，島津源藏還完成了醫療用X光線裝置等，孕育出許多劃時代的新技術及產品；一九三〇年（昭和五年），島津源藏以日本十大發明家之一的身分接受表揚。現在位於京都市中京區木屋町的島津創業紀念資料館中，依然展示著許多重要資料及文獻，其中也收藏了第二代島津源藏的諸多成果，例如自島津製作所創業以來製造的理化機械及醫療用X光線裝置等。

日本第一個鉛蓄電池

日本京都 島津創業紀念資料館館藏

氧化、還原反應與電子的作用

「氧化」正如其名,某物質與氧結合所形成的化學反應,即爲氧化,而和氧結合的物質就叫做「氧化物」。但目前氧化不單指與氧結合的化學反應,還有更廣泛的定義,只要失去氫或失去電子,就可稱之爲氧化。

至於「還原」則是指從氧化物中取出氧,使其回到原來物質的化學反應。目前對於還原同樣也有更廣泛的定義,如與氫結合或是與電子結合,也符合還原的定義。

化學電池正是藉由負極與正極分別產生氧化與還原兩種化學反應,來製造出電力。負極的物質因發生氧化而將電子留在負極,並且變成了陽離子溶於電解液中。留在負極的電子,就會通過導線移動至正極。正極的物質,則是和在導線移動的電子結合而發生還原反應。而隔離膜的作用,就是負責區隔負極氧化反應與正極還原化學反應。

由氧化與還原的化學反應趨勢而產生電壓,此電壓便稱爲標準氧化還原電位,或標準還原電位、標準電極電位等。化學電池的電壓,就是由負極的金屬氧化時的氧化還原電位,以及正極的金屬還原時的氧化還原電位兩者之差來決定(參照p.106)。

4

最具代表性的
物理電池

太陽能電池的構造

　　物理電池的作用機制，並不是利用物質的化學反應來產生電力，而是透過物理性的過程生成電力。最具化表性的物理電池，可說是以光能製造電能的電池，這種電池所利用的是照射光線就能產生電力的「光電效應」。化學電池可以儲存電力，在任何時候都能取出電能，但太陽能電池和化學電池並不相同，太陽能電池是一種發電元件，它和LSI、IC與電晶體一樣，都是由半導體所構成，只會在照射光線時，才會將光能轉換為電能。半導體可分成「p型」與「n型」，藉由將這兩種半導體以不同的方式組合，即可製造能發出訊號控制電力增幅或開／關電力的LSI、IC或電晶體。

　　太陽能電池正是由p型與n型兩種半導體層所形成。在這兩種半導體層之中裝有電極，p型的電極是正極，n型的電極則是負極。當太陽能電池受到光線照射後，存在於n型半導體中的電子就會吸收光線的能量，變成可以自由活動的自由電子，並聚集在n型半導體層。在此種狀態下連接兩邊的電極後，自由電子就會由負極流出，穿過燈泡等電器設備，再從正極回到p型半導體層。透過光線照射而持續產生的自由電子，便成為可以驅動電器設備的電能。

　　太陽能電池的構造，基本上是利用p型與n型半導體的組合，並且在吸收光源的表面加裝反射防止膜，以幫助吸收光線。此外，為了提高發電率，還將半導體表面設計成金字塔般的凹凸狀樣式，以增加光源的吸收面積。在外太空使用時，為避免太陽能電池的溫度上升，也會在太陽能電池的背面裝上反射鏡，以將進入電池內部的紅外線反射出去。

太陽能電池的原理

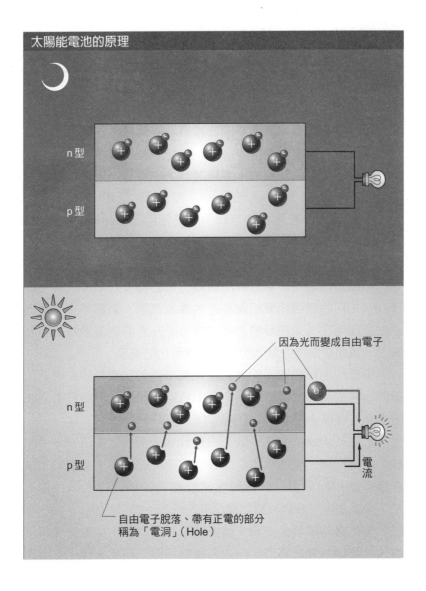

因為光而變成自由電子

n型

p型

電流

自由電子脫落、帶有正電的部分
稱為「電洞」（Hole）

太陽能電池的種類

太陽能電池依所使用的半導體種類與構造不同，在轉換效率與信賴度方面會呈現出不同的特徵。除此之外，其用途也各不相同。

太陽能電池所使用的半導體材料，主要分為矽與化合物兩種。矽又分成「單晶矽」、「多晶矽」和「非晶矽」（Amorphous）。在化合物方面，則是使用了單晶的「砷化鎵」（GaAs）、「磷化銦」（InP），以及多晶的「硫化鎘」（Cds）或「碲化鎘」（CdTe）。

單晶矽已經有豐富的實用績效，它的轉換效率非常高，約達20%，可說是信賴度相當高的太陽能電池。單晶矽太陽能電池主要使用在外太空及地表等用途上。在太陽能電池的發展歷史上，單晶矽太陽能電池也是最早實用化的產品。

多晶矽的轉換效率則大約是15%，雖然比單晶矽來得低，但因為它的製造成本較低，而且適合用於住宅太陽能發電系統等方面，在現今太陽能電池市場中使用率最高。

非晶矽的轉換效率更低，只有10%，但是它在日光燈下比較能發揮作用，製造成本也比較低，還能做出可任意彎曲、具可撓性的模組類型。非晶矽太陽能電池的用途主要以民生為主，像是使用在我們經常可見的計算機或手錶等用品上。

砷化鎵的單晶化合物，轉換效率高達25%，可說是信賴度也相當高的太陽能電池，但是它重量很重又容易破碎，主要應用於外太空。

硫化鎘或碲化鎘等多晶化合物，轉換效率大約為15%。這類物質的蘊藏量比較少，有些還含有環境污染物質。主要用於民生用途，也使用在計算機及鐘錶上。

太陽能電池的種類

			轉換效率	信賴性	用途與特徵
太陽能電池	矽	結晶類	單晶	◎	◎	無論是在外太空或是地面上,均有豐富的實用成果。
			多晶	○	◎	適合在地表使用。可大量生產。
	化合物		非晶 (Amorphous)	△	△	地表上的民生用途。日光燈也能使其充分發揮作用。
			單晶 (砷化鎵等等)	◎	◎	在外太空使用。較重、易破碎。
			多晶 (硫化鎘、碲化鎘等)	△	△	民生用。蘊藏量稀少、有些含有環境污染物質。

熱起電力電池（熱電池）與原子能電池

　　「熱起電力電池（熱電池）」是利用「熱電效應」（Thermoelectric Effect）直接從熱能取得電能的一種物理電池。

　　熱電效應是將兩種不同的金屬兩端連接在一起，然後讓兩個連接點的一端溫度高、另一端的溫度較低，如此一來就能產生電壓與電流流動的現象。由於熱電效應是德國物理學家湯馬斯·約翰·塞貝克（Thomas Johann Seebeck, 1780~1831）在一八二一年時發現的，因此又稱為「塞貝克效應」（Seebeck Effect）。

　　在取得電力之前，必須讓兩種不同金屬的一端先連接在一起，而另一端則分別接上導線以取得電力。然後，利用打火機等火源，加熱兩種金屬的連接點，使其與另一端出現溫度差距，就能藉由此方式產生電壓、使電流流動。像這種從熱能中取得電力，並將兩種金屬尾端連接在一起的東西，則稱為「熱電偶」。

　　1個熱電偶產生的電壓非常小。當兩金屬的接點上有1°C的溫度差時，熱電偶產生的電壓僅有數μV/K～數十μV/K。最近還出現半導體的熱電轉換元件。和金屬熱電偶相比，半導體的熱電轉換元件可以發出數百μV/K的大電壓。即便如此，和一般電池相較，半導體的熱電轉換元件所能製造的電壓還是太小。因此，想要製造能實際產生功效的電池，就必須使用非常多的熱電偶，並將它們串聯在一起。

　　在一九四○年代，利用煤油燈加熱的熱起電力電池已應用在收音機上。另外，像飛行在太陽系外的探測船航海家號，所使用的「原子能電池」，也是利用放射性同位素（Radioisotope）放出的放射線來生成熱能，並將所生成熱能轉換為電力，屬於

一種熱起電力電池。近年來已經開始進行更多關於應用的研究，希望能透過熱起電力電池的使用，將發電廠鍋爐熱氣、工廠內的熱氣等，有效地轉換為電能來使用。

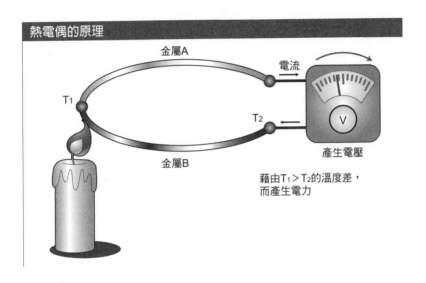

熱電偶的原理

金屬A

電流

T_1

T_2

V

金屬B

產生電壓

藉由$T_1 > T_2$的溫度差，而產生電力

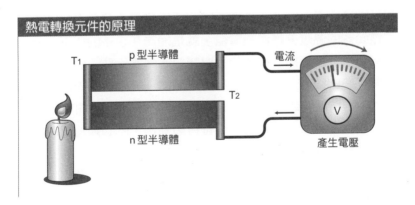

熱電轉換元件的原理

T_1　p型半導體

電流

T_2

V

n型半導體

產生電壓

靠體溫發電的電池

以人類體溫製造電力的「體溫電池」，目前也在持續開發當中。體溫電池是利用熱電效應，將體溫與氣溫的溫度差轉換為電能的一種熱電池。只要將此種電池與皮膚緊密接觸，即可製造源源不斷的電力。

在實際應用方面，體溫電池可以使用在醫療設備、手錶和行動機器等物品上。另外，像自行製造電力來運作的熱感應器這類設備，還有裝在身體上或植入體內、必須一天24小時不間斷地運作的醫療用品等，都屬體溫電池的應用範圍。而與一般化學電池不同的是，體溫電池不須定期更換新的電池，也沒有將有害人體的化學物質植入體內的顧慮，只須和皮膚緊密接觸，即可不斷地製造電力，所以這是一種不須耽心電力耗盡的安全電池。

目前市面上已經有體溫電池的手錶產品，只要將手錶戴在手腕上，便能藉由體溫與氣溫的溫度差來製造電力，而使手錶的基本機能得以維持。這種手錶可將與皮膚直接接觸的錶背蓋和錶面蓋的溫度差轉換為電能，就是因為在手錶的背蓋部分，內建有把熱能轉換為電能的半導體熱電轉換元件。熱電轉換元件所製造的電力，會經過充電用控制IC，再儲存進內建的二次電池中，然後供應至驅動手錶的電路和促使指針運作的馬達。

如果要讓這種體溫電池手錶持續動作，就必須每天將手錶戴在手腕上數個小時，方能製造所需的電力。此外，錶面蓋與錶背蓋的溫度差距越大，熱電轉換元件所能製造的電力也就越大，所以，這種手錶的背蓋不但要緊密貼住手腕上，錶面蓋還必須持續與空氣接觸，也要小心避免被衣服的袖口或手套等所遮蓋。

體溫電池手錶的作用機制

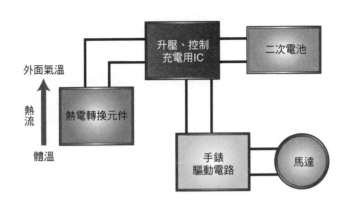

體溫電池手錶的構造

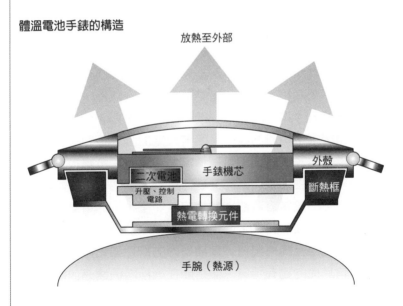

電雙層電容器

　　在最近進行的研究開發當中，屬於電容器的「電雙層電容器」，也開始被當成電池來使用。

　　首先讓我們來看看什麼是電容器。電容器是一種構成電路的代表性零件。它的構造一般是將兩片金屬板，間隔一些距離，面對面平行擺置，並在這間隔之中夾進電解液或陶瓷、塑膠膜等非常薄的絕緣體（電子無法穿過的物質）。將這兩片金屬板接上直流電源後，其中一邊的金屬板就帶有正電，另一邊的金屬板則帶有負電。各金屬板所帶有的正電與負電，會隔著薄薄的絕緣體相互作用，即使切斷直流電源，兩邊仍會維持蓄積電力的狀態。

　　至於電雙層電容器，則是利用「電雙層」的現象，將固體和液體等不同狀態的物質放在一起，並把電力儲存在這些物質的界面。將正面相對的兩片金屬板浸在電解液裡，以避免發生化學反應而產生電分解。施加電壓後，帶正電的金屬板表面上，就會吸附帶負電的離子，而帶負電的金屬板表面，則會吸附帶正電的離子，藉此即可蓄積電力。而兩片金屬板之間，為了使離子能自由移動，同時又要保持絕緣狀態，會放置隔離膜作為阻隔。一般電容器蓄積的電容量非常小，而電雙層電容器卻可以蓄積較大的容量，並且能無限次地進行充電與放電。和一般藉由化學反應來製造、蓄積電力的電池相比，電雙層電容器還具有其他的獨有特質，像是能在幾秒內快速充放電，對溫度變化的承受能力也較強。

　　電雙層電容器可以進行半永久性的重複充放電，因此幾乎不需要保養、更換與回收的作業，和化學電池相比，電雙層電容器的長期使用成本更顯低廉。也因此，在夜間道路標誌或照

明燈等設備上，經常以電雙層電容器取代與太陽能電池搭配使用的二次電池。

另外，也因為電雙層電容器能在數秒內做出瞬間放電，因此可用來因應瞬間停電的問題，也就是在電力系統瞬間停電之際，可用以保護電腦系統等設備。對於經常需要瞬間大電流的數位相機等電器製品，還可讓事先儲存在電雙層電容器中的電力放電，來減輕電池急劇的負荷變動，而電雙層電容器在這類設備的應用發展，也在持續進行當中。其他像是油電混合車的部分，當踩下煞車時，雖然馬達也可當成發電機來回收電能，但若改用可於數秒內瞬間充電的電雙層電容器，來取代二次電池，就能更有效率地回收電能。

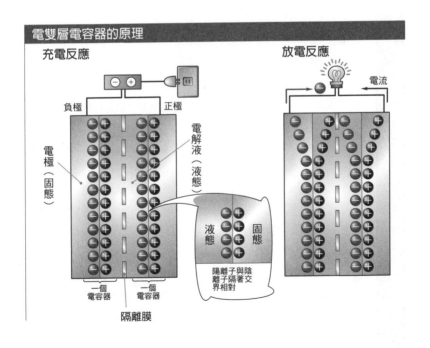

電雙層電容器的原理

充電反應

負極　　　　　　　正極

電極（固態）

電解液（液態）

液態　固態

陽離子與陰離子隔著交界相對

一個電容器　一個電容器

隔離膜

放電反應

電流

將三號電池轉換為一號電池的電池轉換套筒

當一號電池用完，手邊又沒有可供替換的一號電池時，便可利用電池轉換套筒，將三號電池轉換成一號電池來使用。電視或錄放影機的搖控器等設備多半使用三號電池，因此，三號電池可說是一般家庭裡最常見的電池。而電池轉換套筒更是一種創意商品，它可讓我們充分利用家庭裡最頻繁使用的三號電池。

使用一號電池的代表性電器產品是手電筒。在日常的生活中，手電筒雖然使用機會少，然而，一旦發生停電或災害等緊急狀況時，手電筒就是必要的安全用品。如果在需要使用手電筒時，手邊卻沒有一號電池的話，就可以將三號電池組裝在電池轉換套筒裡，暫時替代一號電池來使用，相當方便。

至於電池轉換套筒的用法，首先要準備現有的三號電池，接著再打開電池轉換套筒，然後將三號電池的正極與負極，依照電池轉換套筒的正極與負極記號放入。最後蓋上電池轉換套筒後，就可以當作一號電池的替代品使用。但是，電池轉換套筒僅只是在尺寸上補足了三號電池的不足，電池容量當然仍與一號電池不同。

另外，在碰到需要將電池轉換套筒用於使用兩個以上的一號電池的設備時，裝入電池轉換套筒內的三號電池，必須避免混用新舊電池，也不能混用錳鋅電池與鹼性乾電池，或是混用不同廠牌的電池，否則可能會出現發熱、漏液、破損的情況，進而造成電器故障或導致受傷。

還有一點需要注意，在不使用的時候，請勿將三號電池一直留在電池轉換套筒中。使用完畢後，應該從電器中抽出電池轉換套筒，並從電池轉換套筒取出電池，分開各物件後再行保管。

5

適當且安全的使用方法與廢棄回收處理

電池的安全使用方式

以正確的方法使用電池，就能讓使用電池的過程更安全、愉快，而且這也不是件困難的事，只要稍微留心，就可避免無謂的困擾。本章的內容以說明使用電池的注意事項為主，以下是本章內容概要與介紹。

首先是關於如何選用合適的電池。在電子儀器的使用說明書上，都會記載建議使用的電池種類或形狀（即電池「規格」）以及使用方法。有些電器還在電池蓋上作了標記，提醒消費者應使用的電池規格。為瞭解每個電器的建議電池類型與正確使用方式，最好還是事先詳閱使用說明書。

若儀器搭配的電池為一次電池時，在操作前也請確認電池本身的建議使用期限。根據建議的使用期限來操作電器，將可更充分發揮電池本身的功能，使電池正常作用。

無論是安裝或更換新電池，皆請先仔細確認正負極的位置之後再裝上。同時使用數個電池前，也應該先了解連接方式，分辨為「串聯」或是「併聯」，並確認所有電池都以正確的方向安裝。此外，應該採用相同廠商、相同品牌的同尺寸電池，而且最好是一樣新的電池。假使有不一致的地方，將可能造成電池性能降低、漏液等意外事故發生。在安裝時，絕不可自行改造或是嘗試焊接電池。

當電器使用完畢後，請務必關閉電器電源，以避免電池無謂的消耗，這麼做也能延長電池的使用時間。另外，如果短時間內沒有再使用該電器的打算，請不要將電池留在電器內，應該立即取出。

電力用完的空電池，也須盡快從電器中取出，並依照電池的種類，以適當的方式來處理廢電池。電力耗盡的一次電池，

使用說明書範例

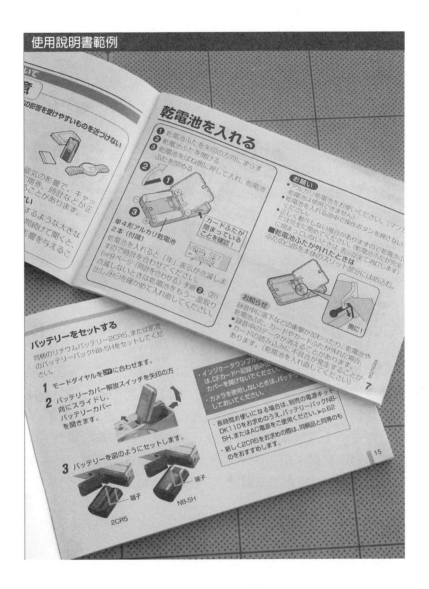

の影響を受けやすいものを近づけない

磁気の影響で、キャッ
期券、時計などが正
うことがあります。
い

するような大きな
側続けて聞くと
影響を与えるこ

乾電池を入れる

① 乾電池ふたを矢印の方向にずらす
② 乾電池ふたを開ける
③ 乾電池をはね側に押して入れ、乾電池
　ふたを閉める

単4形アルカリ乾電池
2本（付属）

乾電池を入れると「年」表示が点滅しま
すので時計を合わせてください。
（☞9ページ「時計を合わせる」）手順 ②、②）を取り
点滅しないときは乾電池をもう一度取り
出し、⊕と⊖を確かめて入れ直してください。

カードふたが
閉まっている
ことを確認！

お願い
・アルカリ乾電池をお使いください。
・乾電池は使用できません
・乾電池を入れる途中で操作ボタンを押さない
　くださ
・正しく動作しない場合があります。（マンガ
　たは完全に離めてください。（乾電池ふたが完
　に閉ま

■乾電池ふたが外れたときは
ふたの凸部を本体のスリット部分にはめ込む。

奥に！

お知らせ
・録音中に落下などの衝撃が加わったり、乾電池や
　乾電池ふた、カードやカードふたが外れた場合、
・録音中のデータが消えることがあります。
・カードの読み込みに不具合が発生することが
　あります。（乾電池を入れ直してください）

・インジケーターランプ
　は、CFカードへ記録/読み込み
　カバーを開けないでください。
・カメラを使用しないときは、バッテリ
　しておいてください。

・長時間お使いになる場合は、別売の電源キット
　DK110をお求めのうえ、バッテリーパックNB-
　5H、またはAC電源をお求めください。▶p.62
・新しく2CR5をお求めの際は、同梱品と同等のも
　のをおすすめします。

バッテリーをセットする

同梱のリチウムバッテリー2CR5、または別売
のバッテリーパックNB-5Hをセットしてくだ
さい。

1 モードダイヤルを OFF に合わせます。

2 バッテリーカバー解放スイッチを矢印の方
　向にスライドし、
　バッテリーカバー
　を開きます。

3 バッテリーを図のようにセットします。

端子

端子

NB-5H

2CR5

7

15

也請以正確的方式處理。對於廢電池，必須先在電極部位貼上膠帶，做好適當的絕緣處理後再行丟棄。請勿撕開電池的外包裝標籤，也不要破壞或拆解電池，更不要將電池投入火中。

電力用盡的鎳鎘電池或鎳氫電池等二次電池，雖然可以充電後再重複使用，但在充電時，請選用各自規定的充電器。請不要用非建議使用的充電器來充電，也別將不可充電的電池放入充電器中。因為電池具有的電容量不同，所以即使是相同的電池，仍可能因為充電器的關係，而造成不完全充電的情況。錳鋅乾電池或鹼性乾電池等一次電池，絕對不可以進行充電，為一次電池充電可是非常危險的行為。

其他像電動無線搖控模型等個人自製的電器，在使用電池時，也須遵守電池的額定值。如果隨意使用，如在瞬間使電池釋出大電流等超過電池額定值的方式，將可能造成發熱、起火、破裂、漏液等危險情況。即使沒有發生意外事故，仍會使電池提早劣化並使電池的壽命縮短。

用完的電池和備用電池等，請勿隨意擺放。倘若放在嬰幼兒伸手可觸及的地方，就可能發生嬰幼兒將電池塞入口中或誤吞電池的意外。萬一吞下電池時，必須立刻採取適當的處理。

為生活帶來無限便利的電池，雖然使用範圍非常廣泛，但若使用錯誤的話，仍可能造成意外或無法預料的損失。請多加注意，並絕對以安全適當的方式來使用電池。

誤吞電池時，應立即撥打119！

由化學物質組成的電池，一旦誤吞下肚，將會是非常危險的事情。一號電池類的圓筒形乾電池，因為尺寸比較大，所以吞下去的可能性較少，但是體積較小的鈕釦形電池或硬幣形電池，就很有可能會被不小心吞進肚子裡。

尤其是小嬰兒，無論看到什麼東西，都會被他們放入口中。一旦他們可以自由於家中移動時，在他們的行動範圍內，絕對不可擺放鈕釦形電池等危險物品。此外，使用裝有鈕釦形電池的電器時，也必須特別注意並妥善處理。

倘若誤吞電池，應立刻撥打119求救，或是立即與家庭醫師等醫護人員聯絡，依其指示進行處理。

當電池被誤吞下肚後，胃液將會促使電池開始放電。這個時候，電池生成物很可能會引發胃潰瘍。

假使不小心讓電池長時間留在體內，胃液還會溶解掉電池的外殼，造成電解液外漏。而電解液大多是強酸或強鹼的液體，一旦漏出到體內，就會造成身體組織潰爛、灼傷。所以誤吞進體內的電池，絕不可以讓它停留在固定地方，必須及早排出體外。

為此，電池廠商更採取了一些安全措施，例如即便誤吞電池，也能減少電池本身對身體的影響；或是用不銹鋼製造電池殼，方便醫師使用磁鐵將電池取出體外等等。然而，這些都不算是萬全的處理方式，最重要的還是多加留心，絕不誤吞電池為上。

化學電池的規格記號

　　化學電池有著不同的記號，用來表示它是屬於何種電池，而這些記號是由「JIS」（Japanese Industrial Standard，日本工業規格）所規定。目前電器行或便利商店等通路銷售的一般電池，全都標示著JIS規定的記號。而電池的JIS規格記號，還代表了電池的種類與形狀。

　　JIS根據各種電池正極與負極所使用的物質與電解液的成分，各別規定了不同的記號。但最古老的錳鋅乾電池則沒有這種標示記號。在規定中，「L」代表鹼性乾電池，「C」是鋰二氧化錳電池，「H」為鎳氫電池，「K」指鎳鎘電池，「PB」則是鉛蓄電池等。鋰離子電池則尚未有規格規定。

　　電池的形狀可大致區分為包含鈕釦形、硬幣形在內的圓筒形及非圓筒形，而「R」代表圓筒形，「F」則表示非圓筒形。非圓筒形的部分，除了方形與扁平形，還有特殊形狀的電池分類。近來有其他提案建議以「P」代表非圓筒形的電池組，以「S」代表薄形（Paper）電池。

　　結合標示電池種類與形狀的兩種記號後，就成為代表該電池的規格記號。圓筒形的電池是「R」，「LR」記號代表鹼性乾電池，「CR」指鋰二氧化錳電池，「HR」為鎳氫電池。後面接著標示的是代表電池大小的尺寸碼，以及代表最大直徑與最高長度的代碼；例如：三號鹼性乾電池是「LR6」（尺寸碼＝6），硬幣形鋰二氧化錳電池以「CR2032」（最大直徑碼＝20，最長高度碼＝32）表示等。此外，將數個單電池以串聯方式組成的電池組，標示方式則是在代表種類與形狀的記號之前，加上代表電池數量的代碼；例如：將6個稱為「006P」的方形電池單電池，串聯成一個鹼性乾電池時，其規格記號便是「6LF22」；將

兩個圓筒形電池並聯的鋰二氧化錳電池，則以「2CR5」表示。

　　另外，像錳鋅乾電池、鹼性乾電池、鎳鎘電池或鎳氫電池等，以圓筒形為共通形狀的電池種類，在日本通常稱為「單一形（一號電池）」、「單二形（二號電池）」和「單三形（三號電池）」，這是日本的慣用方式，但不是JIS規定名稱，更不是國際電工委員會（IEC）所制定的國際規格。這類慣用稱呼源自英文的Unit Cell（單電池、分電池）一詞，因而有了單電池的通稱，由此，最先製造出的電池就稱為「一號電池」，之後問世、尺寸較小的電池則稱為「二號電池」，再來就是「三號電池」。

最具代表性的電池種類與記號

	種類	記號	公稱電壓(V)	形狀	記號
一次電池	錳鋅乾電池	－	1.5	圓筒形（圓柱形、鈕釦形、硬幣形）	R
	鹼性乾電池	L	1.5		
	鋰二氧化錳電池	C	3	非圓筒形單電池	F
	氧化銀電池	S	1.55		
	鋅空氣電池	P	1.4	非圓筒形電池組	P
二次電池	鎳鎘電池	K	1.2		
	鎳氫電池	H	1.2	薄形（Paper）	S
	鉛蓄電池	PB	2		

（包含尚在提案、審查中的電池類型）

電池性能的判讀方式

　　顯示電池性能的資料表，是由製造電池的各家廠商所提供。資料表上記載著「公稱電壓」、「公稱容量」、「使用溫度範圍」等額定規格；以及依使用條件所繪的各種特性圖表，例如：用來顯示使用開始到使用結束期間的「放電特性」、「放電溫度特性」變化，還有主要用途說明等。依據這些資料表，便可以選擇最合適的電池，與瞭解現在正在使用的電池的性能。為了理解資料表的內容，有必要先了解說明電池性能時所使用的各種用語。接下來，請看下列用語的介紹。

■公稱電壓

　　從電池開始使用到使用結束的過程中，電壓會慢慢降低，而公稱電壓就是指在這過程中電池電壓的平均值。用來代表電壓的單位是伏特（V）。電池在剛開始使用時，電壓通常比較高，但隨著使用時間增長，電壓也就逐漸下降，但是這種下降的過程（放電特性）會依電池種類的不同，而出現相當大的差異。即使電池所標示的公稱電壓相同，在性能上仍會有所差異。此外，公稱電壓和表示電池種類的記號，皆會標示在電池表面。

■公稱容量

　　公稱容量指的是電池所具有的電容量。公稱容量的單位採用電流與時間的乘積，即安培小時（A·h）；例如：1,500 mA·h 的電池，代表該電池 1 小時可以流通1,500 mA的電流。公稱容量和代表電池種類的記號一樣，會標示在電池表面。

■電能密度

　　電能密度指的是電池每單位體積或每單位重量所能提供的電量。電池具有的電能，以公稱電壓（V）與公稱容量（A·h）

的乘積來表示。電壓（V）與電流（A）的乘積等於電力（W），因此，電能的單位為瓦特小時（W‧h）。每一單位體積的電能密度單位是「W‧h/l」，每一單位重量的電能密度單位則是「W‧h/kg」。

■建議使用期限

建議使用期限指的是，只要在所標示的期限內開始使用電池，電池都能符合JIS（日本工業規格）所規定的持續使用時間等性能，並且也都能正常地發揮功能。電池在製造完成後，假若放置太久，將可能因為「自放電」而使應有的電容量減少，

JIS規定的鹼性乾電池（LR）額定值

JIS標示	公稱電壓（V）	平均持續時間		終止電壓（V）	持續時間第一次	尺寸 直徑×高度(mm)
		實驗條件				
		負載電阻(Ω)	每日放電時間			
LR20（一號電池）	1.5	2.2	4分鐘×8次	0.9	786分鐘	34.2 × 61.5
		2.2	1小時	0.8	15小時	
		3.9	1小時		25小時	
		10	4小時	0.9	80小時	
LR14（二號電池）	1.5	3.9	4分鐘×8次		750分鐘	26.2 × 50.0
		3.9	1小時	0.8	12小時	
		6.8	1小時		23小時	
		20	4小時	0.9	75小時	
		1.8	15/60秒連續		320次循環	
LR6（三號電池）	1.5	3.9	1小時	0.8	4.0小時	14.5 × 50.5
		10	1小時		11小時	
		43	4小時		60小時	
		3.6	15/60秒連續		350次循環	

也無法發揮原本期待的性能，因此，最好還是在建議使用期限內開始使用。一次電池的建議使用期限，通常會刻印在電池底面，或是印刷在包裝上面。二次電池又因為可以重複充電使用，所以並沒有標示建議使用期限。

■使用溫度範圍

使用溫度範圍代表該電池可以使用的溫度範圍。使用溫度範圍的單位是「℃」。一般的化學反應，會因為溫度高低而受到很大的影響，所以，藉由化學反應來取得電力的電池，也可能會因為溫度的影響而無法使用；例如：冬季長時間處於冰點以下的山岳地帶，或是剛好相反，像盛夏時期的汽車引擎室這類溫度非常高的地方。因此在選擇電池時，必須注意電池的使用溫度範圍標示。

■負載

負載指的是從電池取得電力、消耗電力的東西。連接電池而運作的收音機、錄放音機、行動電話、馬達等電器設備，全都是負載。

■內電阻

內電阻是會妨礙電池內部電流的因素之一。無論何種電池均會產生內電阻。使用電池時的內電阻越大，電池內部消耗的電能就越多，並影響到和電池連接的負載，連帶也無法充分供應電能。相對地，內電阻越小的電池，則代表可從電池取得的電能越大。

■放電

在電池與負載連接的情況下取出電能或使用電力，即所謂的放電過程。一直連續不斷地放電，過程中都沒有間斷的話，便稱為「連續放電」；放電與暫停放電狀態相互交錯的形式，則稱為「間歇放電」。此外，依連接負載的種類不同，還可將放電分成「定電阻放電」、「定電流放電」、「定電壓放電」與

「脈衝放電」等等。脈衝放電是指瞬間通過大電流的放電方式，
如數位相機的電池即屬脈衝放電的類型。

▇放電特性

放電特性是將電池放電時電壓隨著使用時間增長而逐漸減
少的變化，以圖表呈現的結果。「放電終止電壓」是指使用中
的電池停止放電時的電壓（每種負載都有最低的啟動電壓，當
電池電壓低於此電壓時，便無法使用）。

▇放電溫度特性

將不同使用溫度下電池所產生的電壓與時間變化等資料，
以圖表呈現的結果即為放電溫度特性。電池內部所發生的化學
反應的情況，也會隨溫度改變而有不同。當低溫時，化學反應

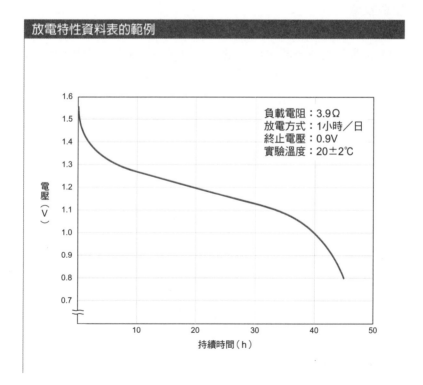

放電特性資料表的範例

負載電阻：3.9Ω
放電方式：1小時／日
終止電壓：0.9V
實驗溫度：20±2℃

電壓（V）

持續時間（h）

較不活潑、電壓較低，電池的持續時間也會變短。有些電池在低溫下的持續時間，甚至比常溫時短少一半左右。至於在高溫狀態下，化學反應則會變得活潑，電壓也會升高。然而，溫度一旦升得過高，電池內部會消耗電能的「自放電」情況也會變大。高溫時電池的持續時間，雖不像低溫時減少那麼多，但仍會呈現出減少的情況。

■自放電

當電池不使用而收納起來時，由於電池內部的化學反應，會使電池原有的電容量減少，這種現象就稱為自放電。一般而言，溫度越高，化學反應就越活潑，因此當溫度升高的時候，自放電的程度也會增加。但是，有些電池自放電的現象並不明顯，例如鋰電池。

■過放電

在電池電壓比放電終止電壓還低時，仍然繼續使用、繼續放電的情況就稱為過放電。電池一旦過放電，將會發生漏液的情況，若是二次電池發生這種情況，就會導致電池充電後無法恢復原狀而使電池劣化。

電池的使用期限＝建議使用期限

　　錳鋅乾電池與鹼性乾電池等一次電池，從電池製造完成的時間開始，電池的性能就逐漸出現劣化。這種現象就好比是蔬菜或魚類的鮮度會隨著時間而慢慢變差一樣。因此，這些電池上便標示了「建議使用期限」，藉以提醒使用者應該在某個時間內使用該電池。

　　依照JIS（日本工業規格）的定義，建議使用期限表示「在此期間，若進行所規定的持續時間之實驗，電池皆能正常運作，並符合各規格所規定的最低平均持續時間特性」。這表示只要在期限內使用電池，就能保證電池以預期的性能正常運作。

　　建議使用期限的標示方式依廠商或電池種類而有不同。有些以連結號（－）來連結兩位數的月分與兩位數的年度數字，也有用連結號（－）連結兩位數月分與四位數年度數字的方式。至於標示位置，也依廠商或產品而有所差異，有的標示在電池側面或底部，有的則直接標示在電池的包裝上。

　　從製造完成日算起，錳鋅乾電池與鹼性乾電池的建議使用期限大約是2至3年；鹼性鈕釦電池、氧化銀電池、空氣電池大約為2年；鋰電池約5年。但這只是建議的使用期限，並不表示一超過時限，電池馬上就不能使用。再者，依保存時的溫度等環境條件，電池劣化的程度也不盡相同，所以只須把建議使用期限視為概略的標準即可。

　　而在二次電池方面，因為可以重複充電使用，所以沒有標示建議使用期限，僅會標示電池的製造日期而已。

電池種類及其用法

　　電池依其種類，各具有不同的特點。配合電池的性質來使用電池，便可充分發揮電池的性能。接下來，我將為各位介紹各種電池的特點及正確使用方式。

　　「錳鋅乾電池」適合裝在不常使用的手電筒等用品，或使用時間多半較短但使用次數頻繁的瓦斯爐及石油暖爐自動點火裝置，以及只需小電流即可驅動的掛鐘或座鐘等。錳鋅乾電池具有以小電流使用便可維持很久的特性，因此，只要妥善使用，就可延長電池的壽命。此外，錳鋅乾電池的價格最為便宜，在一次用完即丟的一次電池中，錳鋅乾電池可說是用途廣泛而且經濟實惠的產品。

　　適用「鹼性乾電池」的設備，包括需要長時間使用的隨身收音機或隨身聽等用品，還有需要較大電量的高亮度照明燈、附液晶顯示器的電子遊戲機、使用馬達的CD或電動玩具、相機的閃光燈等。總之，鹼性乾電池適合用於需要不斷地流通電流或需要大電流的場合。

　　「鎳乾電池」的開發，主要是為了因應數位相機等需要瞬間流通大電流來運作的用途。其他的運用方式，並無法完全發揮鎳乾電池的性能。

　　「一次鋰電池」的公稱電壓高達3.0V～3.6V。它的用途廣泛，從需要大電流的電器到需要微弱電流的電器都適用。而一次鋰電池可以瞬間流通大電流，無論是在低溫或是高溫情況下，一次鋰電池都能穩定地發揮功能。適合用在相機或電器的記憶體資料回存、瓦斯錶或自來水錶等方面。細圓形的款式還可作為夜釣用的電浮標電源。

　　鈕釦形電池的主要用途，以手錶為首，其他還包括小型遊

各種機器設備最適合使用的電池（1）

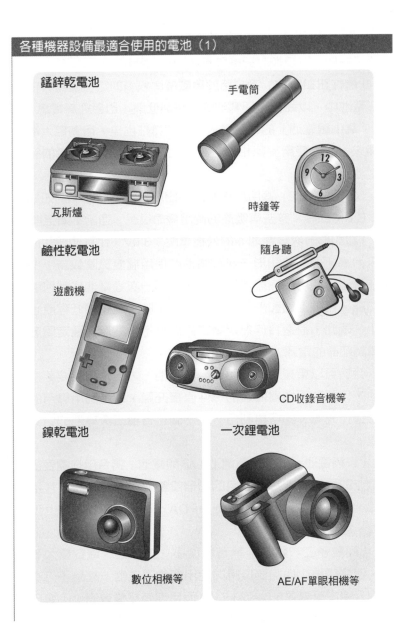

錳鋅乾電池

手電筒

瓦斯爐

時鐘等

鹼性乾電池

隨身聽

遊戲機

CD收錄音機等

鎳乾電池

一次鋰電池

數位相機等

AE/AF單眼相機等

戲機、電子體溫計、相機曝光器、電子快門和電子打火機等小型電子設備，以及作為記憶體資料回存的電源等。

「鹼性鈕釦電池」適合用於負載量比較少的電子儀器。在鈕釦形電池中，以鹼性鈕釦電池的價格最低廉，也最經濟實惠。

「氧化銀電池」的電容量大、溫度特性也佳，可滿足大電流的需求，經常使用於照相機等設備上，可說是最為普遍的鈕釦形電池。

「鋅空氣電池」適用於需長時間使用的電子設備，例如助聽器、B.B.Call等。鋅空氣電池的使用壽命很長，通常不須更換。

「鈕釦形一次鋰電池」的公稱電壓是3.0V，比其他鈕釦形電池來得高。而且鈕釦形一次鋰電池的使用溫度範圍較廣，即使裝在高溫下使用的汽車電器中，鈕釦形一次鋰電池依然可以發揮功能。再加上鈕釦形一次鋰電池使用時的電壓降低程度也比較小，因此，很適合作為需要長時間維持少電量與穩定電流的心律調節器的電源。

至於可以重複充電使用的二次電池，大多是不需要更換的電池，只要利用機器內建的機件直接充電，或是利用專用的充電器進行充電，即可再利用。以下簡述各種二次電池的特點與用途。

「鎳鎘電池」或「鎳氫電池」這類電池，適合用在需要流通大電流的機器，或每天使用的電器設備上，具體來說，包括隨身聽、電動刮鬍刀、數位相機、PDA、電子記事本、掌上型遊戲機、電動玩具等等。

「鋰離子二次電池」具有體積小、重量輕、電容量大等特點，適合體積小與需要長時間使用的電子儀器。鋰離子二次電池的公稱電壓高達3.6V或3.7V，而且沒有記憶效應，不會用到一半就無法使用。適用設備包括行動電話、數位相機、錄影機等，並可依照儀器的形狀，設計出各自專用的電池組。

　　「鉛蓄電池」則用來作為汽車電瓶、不斷電系統，以及醫院或大樓的緊急電源使用。

各種機器設備最適合使用的電池（2）

鹼性鈕釦電池

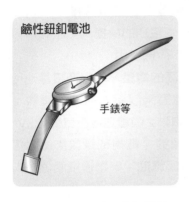

手錶等

氧化銀電池

傻瓜相機等

鋅空氣電池

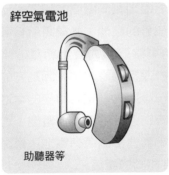

助聽器等

鈕釦形一次鋰電池

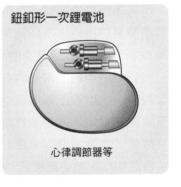

心律調節器等

電池的串聯連接

電池的「串聯連接」是指數個電池以正負極相接的連結方式，即第一個電池的負極與第二個電池的正極連接在一起，接著把第二個電池的負極與下一個電池的正極連接……以此類推。第一個電池的正極與最後一個電池的負極，則是和電器設備連接，這樣就可以供應電力給該設備使用。

將電池串聯連接可以取得較高的電壓。串聯連接電池可以提供的電壓，等於1個電池的電壓乘以串聯電池的個數；例如：1個乾電池的電壓是1.5V，串聯2個電池電壓就變成3V，3個是4.5V，4個就是6V，以此類推。電視或錄放影機的搖控器，大多是使用兩個串聯的三號乾電池；串聯連接兩個1.5V電池後，電力就達到3V。

用來串聯連接的電池，應該要使用相同廠商的相同產品。當電池需要更換時，不該只更換部分的電池，必須將所有電池同時換新。因為已經用過的電池剩餘的電力會比新電池來得少，倘若把已用過的電池混在串聯連接的電池中，因為它的電容量較少，所以會比其他電池早一步用光。電力用盡的電池不但不能供應電能，還會消耗其他串聯連接的電池的電能，也可能造成電池漏液的情形。因此，串聯連接的所有電池，都應該使用電壓相同、電容量相同和特性相同的產品。

將電池串聯連接所得的電壓雖然較高，但並不像「並聯連接」一樣，這種方式無法增加所供應的電容量。

串聯連接

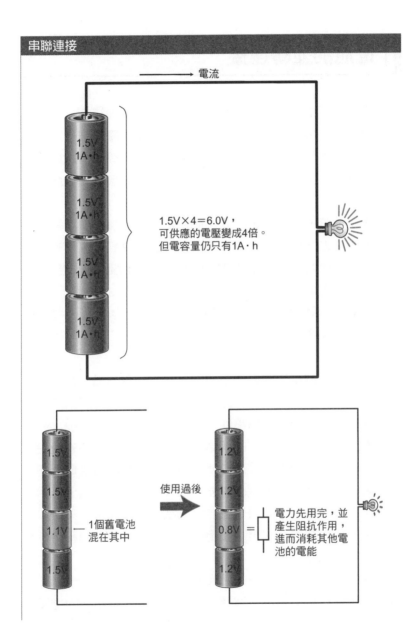

電流

1.5V
1A·h

1.5V
1A·h

1.5V
1A·h

1.5V
1A·h

1.5V×4＝6.0V，
可供應的電壓變成4倍。
但電容量仍只有1A·h

1.5V

1.5V

1.1V

1.5V

1個舊電池
混在其中

使用過後

1.2V

1.2V

0.8V

1.2V

＝

電力先用完，並
產生阻抗作用，
進而消耗其他電
池的電能

電池的並聯連接

電池的「並聯連接」是將數個電池的正極連接在一起，成為1個正極，負極也以相同方式連接為1個負極的連接方法。所有電池依上述方式連接好之後，再把連接正極的導線與連接負極的導線，分別與電器設備連接在一起，這樣就可以開始輸出電力。

藉由並聯連接電池的方式，能使電容量增加，並可長時間持續供應電力。電池並聯連接後所能提供的電容量，等於1個電池的容量乘以並聯電池的個數；例如：2個電池並聯使用時，電容量就變成2倍；並聯3個後，電容量則成為3倍。

如需長時間連續使用或需要大電流時，可以把電池並聯使用。此外，當需要儲存大量電力時，也能將二次電池並聯充電。

並聯連接的電池應該使用相同廠商的相同產品。在需要替換電池時，不要只更換其中的部分電池，必須同時將所有電池更新。因為已經用過的舊電池，剩餘電壓會比新電池少，倘若把舊電池混接於並聯連接的新電池串中，由於舊電池的電壓低於其他電池，其他電壓較高的新電池電流就會流到舊電池裡。原本舊的電池應該是要供應電能，結果卻變成了負擔，開始消耗其他電池的電能，而且也可能造成電池漏液的情況。所以並聯連接的所有電池，都應該使用電壓相同、容量相同和特性相同的電池。

電池並聯後所能供應的電容量雖然較大，但它和串聯不一樣，並聯連接後的電壓並沒有改變，仍然和1個電池的電壓相同。

並聯連接

1A・h×4＝4A・h，可供應的電容量
變成4倍（使用時間延長成4倍），
但電壓還是1.5V

若其中混入1個舊電池，因為舊電池的
電壓低於其他電池，所以無法發揮電池
的功能，反而會消耗其他電池的電能

電池檢測

電池究竟剩下多少電力、是否還可以繼續使用？或是只剩下一點點電力、差不多可以丟棄了呢？這類問題的答案，我們還無法單從電池的外表來分辨。還沒用過的電池和已經用過而換下來的電池，假使全混在一起，可就真的傷腦筋了。因為根本分不出哪個是新的，哪個又是舊的電池。

如先前所述，在串聯和並聯電池時，除了電池的種類要相同以外，電池的容量、電壓的狀態也都要一致，因此，我們也必須知道檢測電池狀態的方法。

市面上有一種專門檢測電池的機器──「電池檢測器」，它可以簡單地查看電池裡面到底還剩有多少電力。電池檢測器就和實際使用電池的狀態一樣，也就是將電池加上某種程度的負載，以測量電流流通時的電壓。電池依其使用程度會出現電壓下降的現象，因此透過電壓檢測，即可推估電池中所剩的電能還有多少。想要知道電池還能不能使用，只要利用電池檢測器測量就可以立刻明白。

除了電池檢測器，還有用來測量電壓的量測器，像是電壓錶或數位電錶（Digital Tester）。這類量測器為了正確測量出電壓，會在測量電壓的時候，盡可能避免電流自檢測對象流出，因為測量時若有電流流過，會使電壓稍微變小，而影響電壓的測試結果。但實際上使用電池時，因為流過的電流不小，因而內電阻會造成電壓大幅度降低，電器設備有可能因此而無法動作。

三用電錶與電池檢測器

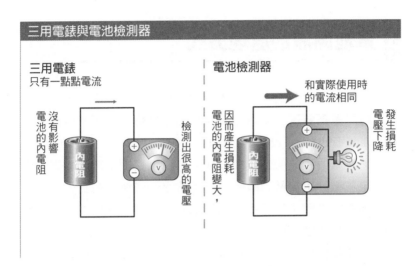

三用電錶
只有一點點電流

沒有影響
電池的內電阻

檢測出很高的電壓

電池檢測器

和實際使用時
的電流相同

發生損耗
電壓下降

因而產生損耗
電池的內電阻變大，

電池檢測器樣品

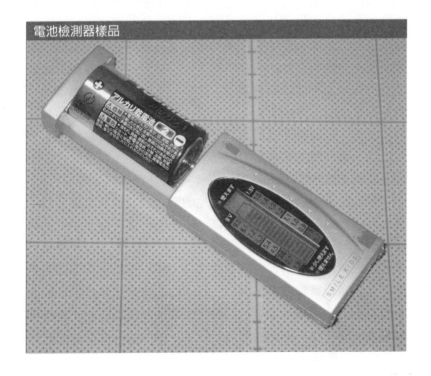

電池漏液的處理方式

如果因為使用方式不正確或意外等原因，而使電池漏液時，請千萬不要讓皮膚直接接觸漏出的電解液。電解液大多是屬於強酸或強鹼的液體，有時甚至還含有會傷害人體的物質。

萬一電解液接觸到皮膚或眼睛時，請立刻用自來水與大量清水沖洗。若是接觸到眼睛，在用清水沖洗後，應立即就醫。若是接觸到皮膚，有可能會出現化學灼傷等皮膚問題，如接觸到眼睛，眼睛也可能會感到疼痛。

以往曾經發生過相關的意外。有位幼兒在使用玩具時，因為玩具的電池發生漏液，而造成嚴重的化學灼傷，幾乎嚴重到得進行皮膚移植手術的地步；還有人因為放在膝蓋上的手提音響發生電池漏液，竟造成化學灼傷。這些意外發生的原因，主要都是由於使用電池的方式錯誤，有些是因為混用種類不同的電池，有些是因混用新舊電池，還有些案例是在數個電池中，有一個電池的方向裝反了。

此外，即便電池的漏液只是沾到衣服，都請立刻用清水沖洗乾淨。電池漏液可能會令衣服變色或破洞。尤其是鹼性乾電池這類填充強鹼性電解液的產品，特別要注意漏液的情況。

電池的漏液會腐蝕裝入該電池的電器的電極等金屬部位，還會弄髒電器的內部，而對電器造成不良影響。當發生電池漏液的情況時，請先將所有電池取出，再把電池的漏液擦拭乾淨。另外，當電極的金屬部分生銹時，請以砂紙捲在筆尖等工具上，將銹斑磨除乾淨。電力已經用盡的電池，請將它從設備中取出。不使用的時候，也不要任由電池留在儀器內，同樣請將電池取出。至於已發生漏液的電池，請遵照該類電池所規定的方式予以廢棄。

漏液的電池

丟棄、回收電池的正確方式

電力耗盡、已失去功能的電池，最後只能成為垃圾。但依電池種類的不同，丟棄的方式也不一樣，其中有些種類還含有珍貴的可利用資源，可回收後再利用，才能毫不浪費地運用資源。接下來即介紹4種不同的廢棄方法。

「無汞」的錳鋅乾電池、鹼性乾電池或一次鋰電池中，由於不含有害物質，也沒有使用價格高昂的貴金屬，所以請先查明各地方政府指定的垃圾丟棄方式後，再依照規定予以廢棄。要注意，即便是不能使用的電池，只要電池裡還殘存一點點的電力，還是可能在垃圾堆中發生短路的情況，這麼一來可就非常危險了。所以在丟棄時，請務必將正極與負極的部分貼上膠帶，以達到絕緣的作用。

在鈕釦形的鹼性鈕釦電池、氯化銀電池、鋅空氣電池裡面，有些含有銀等貴重資源，因此這類廢電池必須集中回收處理，所以要將這類電池投入鈕釦形電池專用的「鈕釦電池回收箱」裡。回收箱通常都設置在家電專賣店、鐘錶行、相機商店等商店內。為避免發生短路的危險，同樣應將廢電池的兩電極貼上膠帶，再帶到設有回收箱的商店進行回收。

其他像鎳鎘電池、鎳氫電池、鋰離子電池、小型密封鉛蓄電池等二次電池，因為含有鎳、鎘、鈷、鉛等稀有資源，以及會污染環境的物質，所以電池上會標示著三個循環箭號的回收資源標誌（和電池種類一起），以喚起民眾有效活用與再利用稀有資源的意識。所以，也請將這類電池，投入設置在家電專賣店資源回收站內的「充電式電池回收箱」裡。同樣地，為避免電池發生短路，也應該在兩電極貼上膠帶，再放入資源回收站所準備的資源回收袋中。數位相機、筆記型電腦所使用的電池

組，幾乎都是屬於這一類的二次電池，因此，必須先確認電池的種類後，再將廢電池投入回收箱裡。在一九九三年六月時，日本資源再生法（促進資源再生利用的法律）將鎳鎘電池指定為回收對象，並規定大眾有回收鎳鎘電池的義務。鎳鎘電池可以提煉出鎘、鎳、鐵，而鎳氫電池則可以提煉出鎳，鋰離子電池還可以提煉出鈷，小型密封鉛電池則能提煉出鉛等，這些資源經過提煉後皆可再生利用。

如果是汽車所使用的鉛蓄電池，請拿到資源回收站處理。銷售鉛蓄電池的加油站或汽車用品店等，都貼有資源回收站的貼紙以供辨識。回收的廢鉛蓄電池，也可以再生成為新電瓶的原料。

至於產業用蓄電池的廢電池處理，在日本，則適用於廢棄物處理法，必須依照法律規定，進行適當的管理和廢棄。由於電解液是強酸或強鹼物質，因此屬於特別管理的廢棄物。在日本委託業者處理時，還必須發出「特別管理產業廢棄物管理票（聲明書）」以進行管理。

攜帶電池時，應將電池放入盒內

　　靠電池來運作的攜帶型電器，無論位於何處使用起來都非常方便。只不過一旦電力用畢，可就完全無用武之地了。若使用的電池是錳鋅乾電池或鹼性乾電池這類較為普遍的電池，可於附近的便利商店等處購買，更換電池後就可以繼續使用；但如果是專用的電池組，可就沒有那麼容易購得了。所以，若需要長時間使用電池，就必須隨身攜帶更換用的新電池組。

　　另一方面，用完的電池假使是錳鋅乾電池或鹼性乾電池這類一次電池，可以在更換的當下就將它適當地廢棄。但若是屬於二次電池的鎳鎘電池或鎳氫電池等專用電池組，用完後當然不是丟掉，而可以經過充電再使用，所以應該將空電池帶回家。

　　作為更換用的新電池有著滿滿的電能，而用完的電池卻還殘存有些微的電力，雖然只有一點點，但如果將電池直接放入包包裡隨身攜帶，又不巧與包包裡的金屬項鍊等金屬製品接觸的話，就會使電池的正極與負極在不知不覺中發生短路，甚至可能因此發生大電流流動等危險狀況。電池短路時，也容易引發起火、發熱、破裂、漏液等狀況。所以，當電池發熱或起火等，都已經是相當危急的情況了。再者，漏液還會弄髒包包裡的東西。

　　因此，攜帶電池時，為避免上述問題發生，也為了避免電池短路，請務必先將電池放在盒子裡保存。用來裝電池的盒子，只要是不能通電的都可以，如塑膠袋或塑膠製的空糖果罐等。在一些居家修繕量販店也可買到乾電池攜帶盒。其他像是使用專用二次電池的攜帶型電器，大多附有備用與攜帶用的電池盒或電池套，可善加利用。

6

二次電池的充電方式及相關注意事項

可充電與不可充電的電池

錳鋅乾電池、鹼性乾電池、鎳乾電池、氧化銀電池、鋅空氣電池、一次鋰電池等一次電池，當電池內的電能幾乎耗盡時，就無法再使用了。相對於此，鉛蓄電池、鎳鎘電池、鎳氫電池、充電式鋰電池、鋰離子二次電池等二次電池，即使電池裡的電能耗盡，還是可以經由「充電」而重複使用。

充電，是指將電力耗盡的二次電池連接在其他外部電源，利用外部電源供應電能給電池，使電池再度充滿電能。用來為二次電池進行充電的設備，稱為「充電器」。

電池的充電方式可分為「定電流充電」、「定電壓充電」與「定電流－定電壓充電」等多種。各種電池各有自己適合的充電方式與不適合的充電方式。雖然三號鎳氫電池和同樣是三號的鎳鎘電池雖可共用充電器，但絕大部分的充電器都是針對特定電池種類的特性所製造，也只能用來為該類電池充電。因此，若是在充電器裝入並不建議使用的電池種類時，便可能使電池的性能下降、縮短電池壽命，並引起發熱、破裂、漏液等意外事故。所以在充電時，請務必選用適合該電池種類的充電器。

雖然在第五章中已經提過，這裡還是要再強調一次，即使形狀相同的三號電池，如錳鋅乾電池、鹼性乾電池等一次電池，都不可強制充電再使用。若勉強將它放入二次電池的充電器裡充電，就會造成發熱、破裂、漏液等意外事故，非常危險，所以絕對不可把一次電池拿去充電。

燃料電池的作用機制，是利用由外部供應的燃料在電池中產生化學反應，進而製造出電力，但電池本身無法蓄積電能。再者，除了電雙層電容器以外的物理電池，像太陽能電池及熱起電力電池等，都只是利用外在的光或熱等物理能量來轉換成

電能，這些電池本身並不具有儲存電能的能力，既無法充電，
也沒有必要充電。相反地，這類電池最常用來作為二次電池充
電用的外部電源。

作為充電用外部電源的太陽能電池

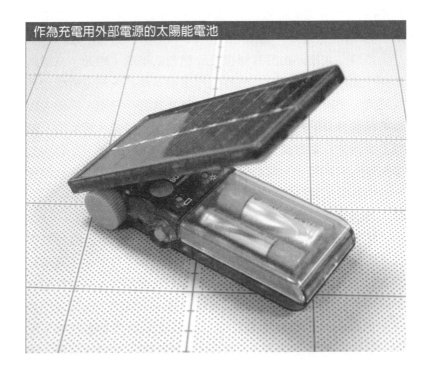

各種充電方式

　　二次電池的充電方式相當多元，但基本上不外乎是「定電流充電」、「定電壓充電」、「定電流－定電壓充電」、「脈衝充電」、「涓流充電」、「浮動充電」和「快速充電」等方式。

　　各類二次電池由於其構造及反應方式不同，因此，充電時如何控制最適當的電流與電壓的方法都不相同，充電時間也有所差異。使用最適合電池特性的充電方式進行充電，不但可以維持電池原來的性能，還能延長電池的使用時間。相反地，若以不合適的充電方式來充電，電池可能很快就報銷，或是可重複充電的次數減少，電池的性能也會降低。接下來，讓我們逐一檢視各種充電方式的特徵與優點。

■定電流充電／半定電流充電

　　定電流充電是指在充電時將電流控制在一定值的充電方式。定電流充電是種簡單的充電方式，但除了電流小、充電時間長以外，它也是種容易發生過充電的充電方式。若想在短時間內完成充電，就必須以大電流來充電，當電池中的電能充滿後，更必須防止電池繼續充電，以免變成過充電的狀態。因此，在電池的電能充滿時，就要能檢測出來，並結束充電。另外還有一種半定電流充電方式，同樣是以控制電流的方式來充電；在一開始，先以大電流進行充電，然後電流便會隨電池充電程度階段性地變小，藉以縮短充電所耗費的時間。

■定電壓充電／半定電壓充電

　　定電壓充電是以固定的電壓進行充電的方式。這種充電方式，將充電的初始階段設定為大電流，當充電快要結束時，電流則變小。一般定電壓充電所採用的方式其實是半定電壓充電；在剛開始充電時，控制電流不要過大，進入後半階段再以

大於定電壓的電流充電。

■定電流－定電壓充電

　　定電流－定電壓充電的充電方式，是在充電開始時採用定電流充電，充電到某電壓之後，再改用定電壓的充電方式，直

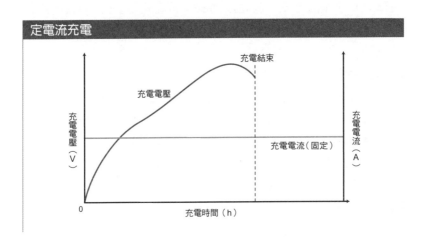

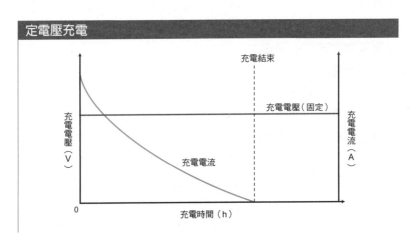

至充飽為止。定電流－定電壓的充電方式可以縮短電池的充電時間，又能防止電池過充電。

■脈衝充電

在固定的週期中，將電池從充電電路切離，隨時監視電池的電壓狀態，讓充電電流只在一定時間內流過，這種利用週期性電流來充電的方式，就是所謂的「脈衝充電」。在這週期裡，當發現電池電壓超過設定數值時，便會控制充電電流使其停滯不流動。

■涓流充電

涓流充電是為了讓電池維持在完全充電的狀態，而以小電流連續充電的一種充電方式，也可稱為「連續定電流充電」。若需一邊使用電池、一邊進行充電時，或需間歇性地使用電池，抑或因自放電而失去電量時，便可透過涓流充電這種穩定的充電方式來補充失去的電能。

■浮動充電

浮動充電是為了讓電池維持在完全充電的狀態，而使用比電池電壓略高的定電壓來進行連續充電的方式，這種方式也可稱為「連續定電壓充電」。和涓流充電相同，浮動充電也是使用在需要穩定充電的用途上。

■快速充電

快速充電是指在1個小時內或是更短的時間內，就可以完成電池充電的一種方式。對於使用二次電池的行動電話、數位相機等電子用品，消費者期望電池可以於短時間內快速完成充電。然而，快速充電卻可能會降低電池性能，甚至產生有害人體的化學反應。因此，便在快速充電器內設有監視、控制電池連續性充電狀態的機能。並依其機能的不同，而分有「－△V（Minus Delta V）控制」方式或「dT/dt控制充電」方式等。

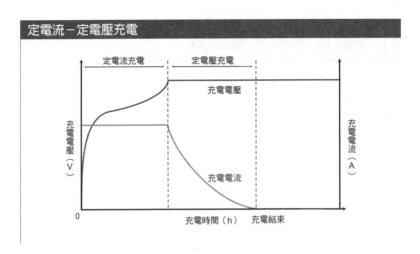

定電流−定電壓充電

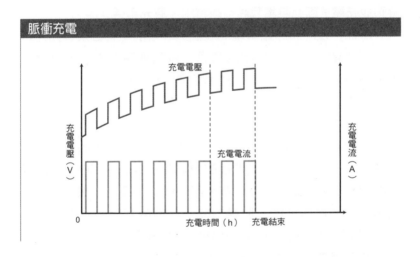

脈衝充電

鉛蓄電池的充電方式

接下來讓我們再來看看，其他代表性二次電池適用的充電方式。首先請看「鉛蓄電池」。

鉛蓄電池的充電方式，主要是使用「定電流－定電壓充電」方式，或是「定電壓充電」方式。定電流－定電壓充電方式，是適合所有鉛蓄電池的充電方式。

鉛蓄電池主要用來作為汽車的電瓶，除了是引擎起動時的電源，它也是汽車雨刷馬達、車用音響等電器設備的電源。在使用鉛蓄電池的同時，會藉由行進中的引擎回轉來帶動發電機轉動並充電，因此平常我們不須特別注意充電這件事。

當然，在將新的鉛蓄電池裝上汽車之前，就必須事先充好電。另外像平常較少使用的汽車，其鉛蓄電池也會因為自放電，而有充電的必要。當出現這些情況時，就必須為鉛蓄電池充電，並以定電壓充電方式的充電器為主。

鉛蓄電池也被用作不斷電系統的備用電池。作為備用電源的鉛蓄電池，必須因應突然發生的停電，所以事前都要保持滿電的狀態。然而，鉛蓄電池裡的電能在充電後，即使一度充滿了電能，之後還是會因為自放電而使電能隨著時間慢慢減少。如果要讓鉛蓄電池能一直處於完全充電的狀態，就必須使用「涓流充電」或「浮動充電」等連續性充電的方式。

涓流充電是為了補充鉛蓄電池因自放電而失去的電能，而以持續性小電流進行充電的方式。當發生停電時，就會讓電池與負載連接，並提供電能。

另一方面，浮動充電則是先將鉛蓄電池與負載接在一起，然後一邊對負載提供電力，一邊對電池充電。兩種充電方式都會事先設好充電電壓，以避免因連續性充電而造成過充電。

汽車電瓶的充電方式

起動時

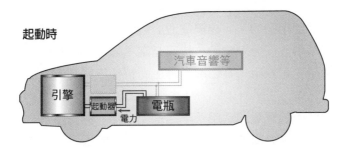

行進、怠速時

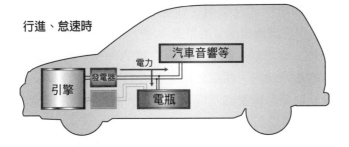

鎳鎘電池的充電方式

依照使用目的，「鎳鎘電池」也具有各種不同的特性，例如：標準用、快速充電用、快速充電－大電流放電用、高溫涓流充電用、耐熱用、高功率等等，而特性不同的電池又各自有適合的充電方式。

標準用鎳鎘電池適用「半定電流充電」的充電方式，也就是開始時先以大電流進行充電，隨著充電的進度，使電流階段性地變小的充電方式。完成充電所需的時間大約是15小時，充電器的電路簡單而且價格低廉。

其他像是快速充電用、快速充電－大電流放電用、高功率、耐熱用的鎳鎘電池，則是適合用「－△V（Minus Delta V）控制充電」的方式，屬於定電流充電的一種，是可以在1至2個小時的短時間內，將電池充電完成的快速充電方法之一。充電時會監視電池電壓的狀況，持續以大電流充電，當測出電壓下降時，便會立即結束充電。

鎳鎘電池的電壓，一開始會隨著充電而緩慢上升，但在充電快結束時，會呈現快速上升的情況；當電能充滿後，電池便會發熱而使溫度升高，這時的電壓又和先前的相反，會開始逐漸下降。當檢測出電壓降低的變化時，便會控制電流變小，並自動結束充電。由於這種充電方式是監測電池電壓降低的變化，因此又稱為「下降電壓檢出控制」的充電方式。

通常出現電池發熱、電壓開始下降的情況時，便代表電池已進入過充電的狀態。如果用這種方式反覆充電，可能會對電池壽命造成不良影響。

快速充電－大電流放電用的鎳鎘電池，還有另一種適用的充電方式，那就是「dT/dt控制充電」。這是定電流充電方式的

－△Ｖ控制充電

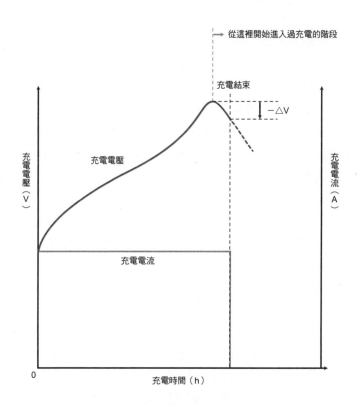

隨時監視電池的電壓,當檢
測到充電結束時的電壓下降
趨勢時,便立即結束充電

一種，也屬於快速充電的方式之一，只需要1至2個小時就可以完成充電。

dT/dt控制充電是利用鎳鎘電池在充電結束時會發熱而使溫度大幅上升的特徵，也就是藉由溫度感應器監視充電中的電池溫度，當檢測出某一時點的「溫度上升率＝dT/dt」超過一定溫度上升率、呈現溫度快速上升的趨勢時，便將電流轉換為小電流，並自動結束充電。由於這種充電方式是監視溫度上升來控制，因此又稱為「溫度上昇梯度控制」的充電方式。和檢測電壓下降變化的－△V控制充電相較，因為dT/dt控制充電可在進入會縮短電池壽命的過充電範圍之前，就結束充電，所以即使經過多次重複充電，電池性能降低的程度也較小，電池的使用時間便因此較長。

至於高溫涓流充電用及耐熱用的鎳鎘電池，適用的充電方式則是「涓流充電」。涓流充電是以小電流進行連續性充電的方式，完全充電雖然需要30個小時以上，但對於需要一邊使用電力、一邊維持充滿電量狀態的場合，涓流充電可說是最適合的方式。

另外，還有標準用、快速充電用、快速充電－大電流放電用以及高功率的鎳鎘電池等，也可以使用「定時控制充電」的方式。利用定時器，事先計算電池的容量，然後在設定的時間裡通過較小電流，當時間一到便結束充電。充電所需時間大約是6至8小時。因為定時控制充電的充電器電路比較簡單而且價格低廉，再加上充電所需時間比一般半定電壓方式少了將近一半，因此便成為廣泛使用的充電方式。

dT/dt控制充電

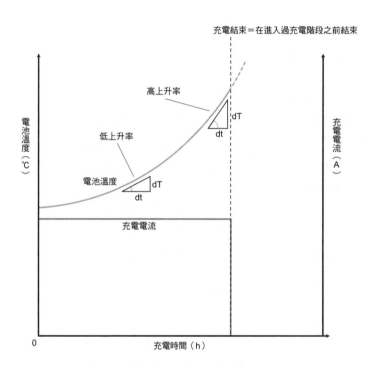

充電結束＝在進入過充電階段之前結束

電池溫度（℃）

充電電流（A）

高上升率

dT
dt

低上升率

電池溫度

dT
dt

充電電流

0 　　　　　　充電時間（h）

隨時監測電池溫度，即計算溫度
上升率＝dT/dt，當溫度上升率超
過一定數值時，便立即結束充電

鎳氫電池的充電方式

　　「鎳氫電池」是使用「定電流充電」的方式來充電，也就是以「－△V控制充電」來檢測出電池充滿電能後進入過充電階段時電壓下降情況的方式，適合用來作為鎳氫電池的充電控制。此外，當電池充滿電能時，可以檢測出溫度急遽上升的「dT/dt控制充電」，同樣也是鎳氫電池適用的充電方式。

　　鎳氫電池是使用鎳氫電池專用的充電器來充電。各電池廠商會依照自家公司製造的鎳氫電池特性，來搭配適用的專用充電器。在使用充電器時，也由於各家電池的特性有所不同，所以建議最好只用來為同廠商製造的電池產品充電。

　　有些快充裝置可用來為公稱電壓1.2V的三號、四號鎳氫電池進行快速充電，也可用來為鎳鎘電池充電。還有些充電器甚至能同時對鎳氫電池、鎳鎘電池兩種電池充電。此外，鎳氫電池依然在持續開發、推出電容量更大的新電池，如三號電池等。因此，有些在新電池推出前所製造的舊充電器，便無法對新電池進行完整充電。

　　在為數位相機等電器所設計的專用鎳氫電池組進行充電時，則是使用專用的充電器。除了正極與負極端子，有些鎳氫電池組上還有刻印著「T」字的第三個端子。「T」是「Thermometer」（溫度計）的縮寫，它與電池組中內建的溫度感應器相連接，可隨時檢測電池溫度。這種設計是用來監測電池的溫度，在充電過程中檢測到電池溫度急遽上升時，便會立即結束充電，也就是會在檢測出溫度過度上升時，促使安全裝置發揮抑制作用。

三號鎳氫電池的充電器

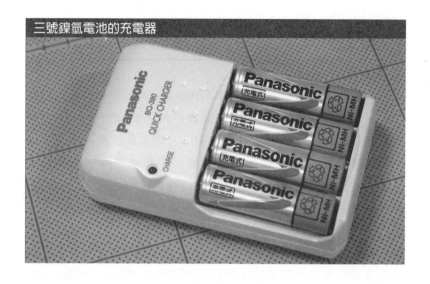

鎳氫電池組裡的「T」端子

鋰離子二次電池的充電方式

　　「鋰離子二次電池」是採用「定電流－定電壓充電」的充電方式。鋰離子二次電池一旦出現過充電，負極就會析出金屬鋰，而電解液也會開始電解；正極部分則因為鋰離子被過度抽出而導致分解。過充電會造成鋰離子二次電池的性能明顯降低，最嚴重時，還可能發生起火或冒煙等危險，安全上也令人憂心。同樣地，過放電也會使鋰離子二次電池的性能劣化。

　　為了使鋰離子二次電池能充分發揮原有的性能，最重要的充電原則就是避免過充電的情況發生。也因此，鋰離子二次電池必須使用專用的充電器，而這個專用的充電器也必須能夠精密地掌控適合該電池的充電電壓及電流。藉由適當而正確的充電方式，讓鋰離子二次電池的電壓達到充電定電壓後，電流隨即變小，即便長時間地充電，也不必耽心會發生過充電的情況。

　　在鋰離子二次電池的單電池裡，設置了數個安全組件。當因為異常或錯誤使用配有該電池的電器設備，而導致電池處於危險狀態時，安全組件即會發揮功效——阻絕電池電能。此外，如行動電話或PHS、電腦、數位相機等電子用品所使用的電池組裡，除了每個單電池內建的安全組件外，還另外內建有保護電路，可避免電池因為使用方式錯誤而受損。

　　保護電路可以監控電池組內的各個單電池，當判斷因為過充電、過放電、過電流等原因，使得單電池處於危險狀態時，保護電路就會在單電池內建的安全組件動作前就先切斷電力，防患危險於未然，並使單電池的狀態恢復正常，得以再繼續使用。

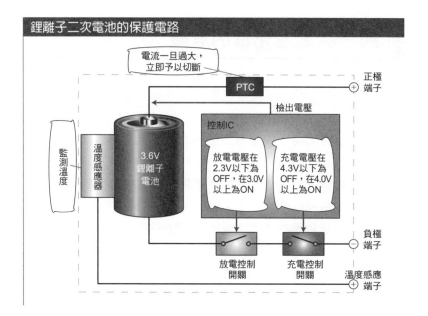

鋰離子二次電池的保護電路

電流一旦過大，立即予以切斷

PTC

正極端子 ⊕

檢出電壓

監測溫度

溫度感應器

3.6V 鋰離子電池

控制IC

放電電壓在 2.3V以下為 OFF，在3.0V 以上為ON

充電電壓在 4.3V以下為 OFF，在4.0V 以上為ON

放電控制開關

充電控制開關

負極端子 ⊖

溫度感應端子 ⊕

何謂過充電？

　　二次電池可儲存的電容量有限。二次電池在充電過程中，當電池中的電能已經達到極限，卻仍繼續傳送電力的狀態，就是所謂的「過充電」；也就是即使已超過電量極限，電力仍然持續流入電池內部。過充電會導致電解液開始分解，而產生熱與氣體，正負兩極的電極材料也會析出樹枝狀的結晶（Dendrite）。一旦持續過充電，樹枝狀的結晶將可能會成長而突破隔離膜，甚至到達另一電極，而造成短路。另外，使用可燃性電解液的電池，還可能因為溫度上升而發生起火現象。

將一次電池充電的危險

「錳鋅乾電池」、「鹼性乾電池」等一次電池，是用完就作廢的電池，製造時並沒有包含可充電的設計。

隨著錳鋅乾電池放電而產生的化學反應，屬於即使充電也無法恢復原狀的不可逆反應，所以充電並不能讓它的電容量恢復。假使將錳鋅乾電池充電，令電壓超過某種程度時，電池內部就會產生具有毒性的氯氣，而且氯氣會隨著時間持續增加。錳鋅乾電池便會因為產生的氯氣，而變成氯電池。這時如果我們測量電壓，將會發現電壓變高，而誤以為電池恢復原有電量。事實上，電池的內部正在生成極為危險的化學反應。倘若這個電池是從未使用過的新電池，那麼它一開始進行充電就會立刻產生氯氣，危險性更高。

鹼性乾電池的電解液是使用氫氧化鈉水溶液。如果因為充電時產生的氣體，而使電池破裂，導致電解液飛散而出，那可就糟糕了。如果混用新舊鹼性乾電池，當舊電池強制性放電，而新電池又為舊電池充電時，同樣也有產生氣體的危險。在裝填電池的時候，即便只是將其中一個電池的方向裝反，一樣可能會產生氣體。所以，一定要先仔細確認正負極方向，再將電池裝入。飛散而出的電解液相當危險，假使誤入眼睛，恐有失明的危險。若是沾到衣服或皮膚，則會變色或腐蝕。

二次電池在設計上，除了有可以把充電產生的氣體保留在電池內部並予以吸收的機制外，還有安全閥的設計。但是一次電池在基本構造上，就不適合用來再次充電。如果為一次電池充電，而使電池內部產生氣體的話，就可能使內壓上升，導致封口部分剝落，進而引發漏液或破裂等情況。

從原理來看，雖然在某些特定條件下，還是有極少數充電

成功的例子，但這需要非常繁複的步驟，相當麻煩，絲毫沒有
充電的優點可言。

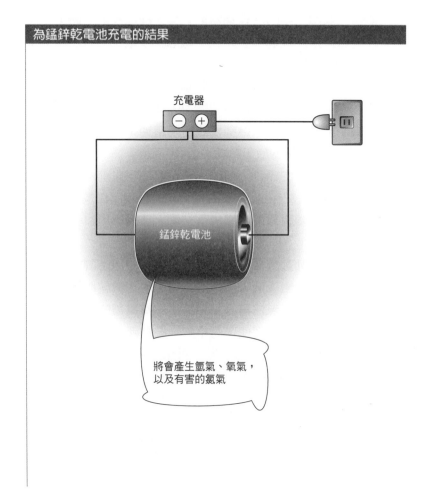

為錳鋅乾電池充電的結果

充電器

錳鋅乾電池

將會產生氫氣、氧氣，
以及有害的氯氣

記憶效應

　　使用二次電池中的「鎳鎘電池」與「鎳氫電池」時，可能有時在充電後還沒經過多少時間，電池就沒電了。雖然電池裡分明還有電能，但就是無法再使用。

　　之所以會發生這種情況，是因為電池在沒有完全耗盡電力前就停止使用，並且在電池還有電力的情況下就進行充電，然後再拿來使用。若反覆以這種模式使用電池，電池的電壓就會下降至先前停止使用的放電電壓附近。

　　產生以上現象的原因，是因為電池記住了先前停止使用的狀態，所以稱為「記憶效應」。基本上來說，使用鎳鎘電池或鎳氫電池時，務必要將電力用盡後再充電，這樣就可以避免發生記憶效應。

　　用電池來驅動錄放音機等電器時，隨著使用時間的增加，電池的電壓將會慢慢降低。當電池的電壓降到低於電器產品的工作電壓時，當然就無法再驅動電器了。當電器的工作電壓設定得比較高時，電池裡縱使還有電能，仍然無法使設備運作，造成必須在使用中途為電池充電，而因此發生記憶效應，讓電壓逐漸降低，使得電器的運作時間越來越短。

　　雖然是發生過記憶效應的電池，仍有挽救的餘地，只要將電力完全用盡，直到電池的電壓變成放電終止電壓後，再進行充電，如此重複幾次，就可以消除記憶效應。在使用鎳鎘電池的舊型筆記型電腦中，有些機種具有消除記憶效應的放電功能。另外還有一種名為「電池再生器」的機器，也可以用來消除記憶效應。把已經產生記憶效應的鎳鎘電池或鎳氫電池裝入電瓶再生器裡，它就可以一邊進行調整、一邊消耗電池中殘存的電能，達到消除記憶效應的作用。

　　最近還有一些設計，是將電器的工作電壓設定在電池放電終止電壓以下，藉以避免記憶效應的發生。

記憶效應是什麼？

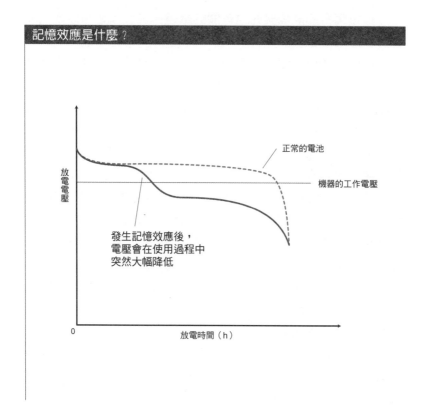

正常的電池

機器的工作電壓

放電電壓

發生記憶效應後，
電壓會在使用過程中
突然大幅降低

0　　　　　　　　放電時間（h）

出水即充電的感應式水龍頭

最後再介紹幾個與充電有關的話題。首先就是可以自行充電的感應式水龍頭。

最近經常可以看到一種相當方便的感應式水龍頭，只要將手往水龍頭一伸，自來水就會從水龍頭中流出；將手縮回後，水龍頭也會自動停止出水。在醫療設施、飯店、百貨公司、火車站或高速公路休息站等公共場所，感應式水龍頭這種設備也越來越普遍。感應式水龍頭讓手可以不必直接接觸水龍頭就能開、關水源，不但乾淨衛生，又可避免無謂地浪費水資源。

感應式水龍頭是藉由安裝在水龍頭內部的感應器來感應，當感應器偵測到物體後，微電腦即會開啓電磁閥，使水流出；當感應不到手部時，微電腦就會關閉電磁閥、關上水源。在各種感應式水龍頭裡，除了以乾電池作為電源，或是從插座取得電力的類型以外，還有內建二次電池的設計。這種類型是以二次電池的電力來驅動感應器、微電腦、電磁閥等組件，同時也利用出水時的水流來充電。這種感應式水龍頭，不須更換乾電池，也不須安裝插座；長時間使用之後，或許會因為二次電池老化無法運作而需要更換電池，但即便如此，這類設備的保養工作還是比舊式設備的維修更為輕鬆，又可節省能源。

自行充電的感應式水龍頭，內部是利用水流的力量來轉動小水車，而小水車又與發電機相連接，當感應式水龍頭感應到伸出的手部時，水龍頭會立即出水，並藉由這個水流驅使水車轉動，並產生電力為二次電池（即電源）充電。每一次洗手以10秒來估算，每天45次左右，合計約有7到8分鐘的使用時間，已經足以供應感應式水龍頭所需要的電力。目前感應式水龍頭的研究開發仍在持續當中，也希望能在降低自來水使用量

的同時，還能創造出更多的電能來運用。

最近，市面上還出現了使用電容器來取代化學性二次電池的儲電型感應式水龍頭。由於電容器的老化速度比化學電池來得慢，保養的頻率也因此能大幅減少。

自行充電感應式水龍頭的作用機制

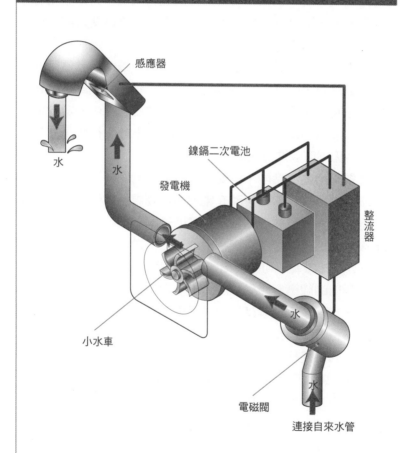

感應器

鎳鎘二次電池

發電機

水

水

整流器

小水車

水

電磁閥

水

連接自來水管

無電極的非接觸性充電方式

當行動電話等儀器的電池快沒電時，我們都是將它放在專用的充電器上充電。大多數的行動電話在話機本體的下方，都內建有鋰離子等二次電池充電所需的電極，而兼具手機座功能的專用充電器上，也在相對應的位置裝有電極。將行動電話插在充電器上，兩者的電極就會彼此接觸，充電器便會開始為行動電話內部的電池充電。

然而，有些行動電話並沒有電極，而且這類行動電話的充電器表面，同樣也看不到金屬製的電極。縱使兩者都沒有電極，但是將行動電話放在充電器上時，顯示充電中的燈號還是會亮起，並且開始充電。所以，即使沒有電極，行動電話裡內藏的電池仍然可以進行充電。

在這類行動電話中，與充電器相對應的底部部位，都有無數圈細電線捲繞的線圈；而充電器與行動電話線圈相對應的部位，同樣也有著無數圈細電線捲繞的線圈。把行動電話放在充電器後，兩線圈就變成正面相對的狀態。這兩個線圈便取代了電極的作用，讓電能可由充電器傳送至行動電話上進行充電。

充電器的線圈會將從插座流出、經過整流後的電能轉為磁能。另一方面，行動電話的線圈則會接收充電器上所產生的磁能，然後將磁能再次轉換成電能，然後為行動電話裡的電池進行充電。因為這種行動電話是以磁氣形態供應能量，所以即使沒有電極，仍然可以利用充電器為行動電話裡的電池充電。

這種方式與金屬電極不同，不會因為經年變化而發生腐蝕的現象。此外，由於這種方式可以讓機身完全防水，所以像「可水洗的電動刮鬍刀」等電器，都會採用這種充電方式。

沒有電極的行動電話充電器

緊急情況下的充電方式

市面上有一種「小型手搖式發電機」，它可以利用手搖方式，輕鬆地對三號、四號二次電池和行動電話的鋰電池等進行充電。當電池突然沒電又身處沒有電源的地方，或因災害發生而導致維生管線（Life-line）中斷等情況發生時，就可以緊急利用小型手搖式發電機進行充電。而且將手搖式發電機直接與電器設備連接後還可以發電，可作為緊急狀態下的備用電源。

使用方法是先用電線，將手搖式發電機與電池盒連接在一起，接著再將折疊式的搖桿拉起，並以順時針方向轉動。以大約1分鐘120轉的固定速度連續轉動，使本體上的發電LED燈一直保持紅燈狀態。

如果要讓電力用盡的兩個三號二次電池充滿電能，必須連續轉動1個小時以上的時間。要保持固定速度連續轉動1個小時以上，是非常辛苦的事。手搖式發電機畢竟只是在緊急情況下使用的充電器，所以只適合作為暫用電池，或只用來補充當下必需的電力。

當行動電話的電池沒電時，其實還有「行動電話充電器」可供選擇，它可以提供暫時性的電源。無論在公事或私人用途上，行動電話都是非常方便的溝通工具，更是現代生活中不可或缺的用品。正因為如此，當通話時間過長而用光電池的電力，迫使手機電源關閉的情況時常可見。一旦行動電話沒辦法使用，隨之而來的不便，可真是相當難耐。這時，行動電話充電器就能幫上大忙了。

行動電話充電器的使用方式，是先將2個到4個三號鹼性乾電池裝入行動電話充電器裡，然後只要將行動電話充電器，接上電力用盡的行動電話即可。幾乎所有類型的行動電話，在

接上行動電話充電器後，即可恢復通話。而各家電器賣場中，也備有各種不同的行動電話充電器供消費者選用。

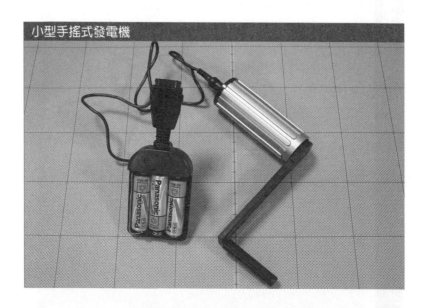

小型手搖式發電機

行動電話充電器

不講究性能的話，其實只要有兩種不同的金屬和電解液，自己在家裡就可以動手製作電池了。建議讀者利用廚房現有的材料，試著製作電池看看。

可以利用鋁箔紙和叉子作為製作電池所需的兩種金屬。叉子必須是不銹鋼製品，而非塑膠製或木叉子；至於電解液則是使用檸檬。其他還需要準備用來和電池連接的物件，如附有鱷魚夾的電線兩條，以及用來測量電壓以確認電池是否完成的三用電錶。

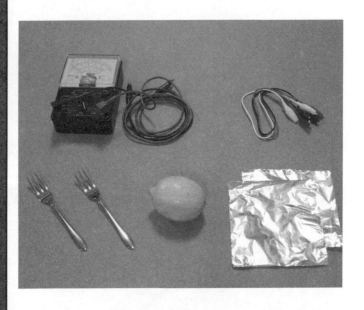

製作方式非常簡單。首先，請把鋁箔紙裁成適當大小，然後將它鋪平。接著用菜刀或餐刀將檸檬對切成兩半。將半邊的檸檬切面朝下，放在鋁箔紙上。然後再以不銹鋼製的叉子叉在檸檬上，檸檬電池便大功告成了。

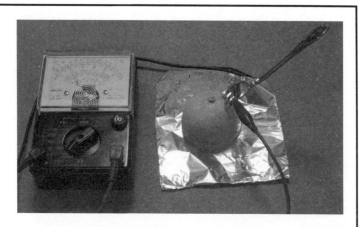

　　將兩條電線分別用鱷魚夾,夾在鋁箔紙和叉子的邊緣,以便從檸檬電池中取得電力。接著把三用電錶設定成測量直流電壓的模式,將分別連接鋁箔紙與叉子的兩條電線鱷魚夾,與三用電錶連接在一起後,三用電錶的指針,就會因為測量到檸檬電池所製造的電壓而出現擺動。

　　切記,千萬不要食用用來作為電池電解液的檸檬。從電池的原理中可得知,扮演電解液的檸檬汁裡,已經充滿了來自電極所溶出的金屬。請直接將檸檬丟掉,以避免發生誤食的危險。

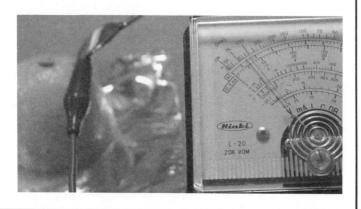

■索 引

數字・ABC

- △ V 186
006P................................54
100V................................16
2CR5................................73
4LR44................................59
4SR44................................64
6LF22................................58
A·h................................156
AFC................................102
BR1216................................71
BR-2/3A................................71
BR2320................................71
BR-A................................71
CR1216................................72
CR123A................................72
CR-2................................72
CR2320................................72
CR-P2................................73
dT/dt 控制充電................................188
ER17/50................................78
ER3................................78
ER6................................78
FR6................................78
IEC................................155
JIS................................154
KR-15/18................................89
KR-15/51................................89
KR-23/34................................89
LR03................................57
LR1................................57
LR1120................................59
LR1130................................59
LR14................................56
LR20................................56
LR41................................59
LR43................................59

LR44................................59
LR6................................56
MCFC................................104
MPPT................................42
n 型半導體................................138, 143
PAFC................................102
PEFC................................102
PR41................................66
PR44................................66
PR48................................66
PR536................................66
PTCR................................74, 78
p 型半導體................................138, 143
R1................................55
R14................................54
R20................................54
R03................................55
SOFC................................104
SR1120................................64
SR1130................................64
SR43................................64
SR44................................64
V................................156
W·h................................157
β -alumina................................100

一畫

一次電池（Primary Battery）.....44, 48, 178
一氧化碳................................104
一號電池................................155
一次鋰電池................................68, 162

二畫

二次電池（Secondary Battery）
................................44, 48, 178
二氧化硫................................68
二氧化氮................................124

二氧化鉛...................................82
二氧化碳..................................104
二氧化錳............52, 56, 60, 68, 72, 130
二號電池................................155

三畫

三浦摺疊..................................33
三號電池.................................155
工作電壓..................................196
下降電壓檢出控制.........................186
大規模發電系統............................24

四畫

不可逆的化學反應.........................48
不斷電系統（Uninterruptible Power
Supply）..................................28
丹尼爾電池...................118, 120, 134
五氧化二鈮（Nb_2O_5）.................94
內電阻（Internal Resistance）....158, 170
內壓.......................................194
公稱容量..................................156
公稱電壓..................................156
分散型發電網路............................24
極化作用..................................116
分電盤.....................................16
化學電池...................................44
化學灼傷..................................172
天然氣.....................................24
天然能源...................................24
太陽能光電板.............................30
太陽能發電..............12, 14, 18, 20
太陽能電池............................138, 140
巴格達電池...............................108
手搖式發電機.............................202
方形電池..................................154
日本工業規格.............................154
水 92, 102, 126, 128, 130

水力發電廠.................................24
水銀電池...................................62
水銀電池變壓器............................62
水銀零使用................................54
火力發電廠.................................24

五畫

充電式電池回收箱.........................174
充電電池（二次電池）...........44, 48, 178
充電器....................................178
充電式鋰電池.............................94
加氫站.....................................39
半導體................................138, 142
半定電流充電.............................180
半定電壓充電.............................180
去極化劑（Depolarizer）..................130
可逆化學反應.............................48
外部電源..................................179
正極活物質................................50
正電洞（Positive Hole）..................139
瓦特小時（Watt-Hour）..................157
生物太陽能電池...........................45
生物電池...................................44
甲烷氣（Methane Gas）..................104
白金（Platina）........102, 124, 126, 128
白金.....................102, 124, 126, 128
白金電極.............................104, 128
白金觸媒..................................102
石化燃料（Fossil Fuels）..................24
石膏粉................................50, 132
石墨.................................62, 70, 96

六畫

交流.......................................16
伏特（Volt）........................112, 156
伏特（Volta）.............................110
伏特電池.............................50, 114

伏特電堆（Volta Pile）......................112

光電效應（光伏特效應，
Photovoltaic Effect）..........................138

再利用（Recycle）....................88, 174

地球暖化...24

多孔質..122

多硫化鈉（Sodium Polysulfide）......100

多晶（Multicrystal）..........................140

安全閥............................74, 78, 194

安培小時（A·h）.............................156

有機電解液....................68, 94, 96

有機電解液電池.............................44

自由電子...138

自放電（Self-Discharge）.................160

自行充電感應式水龍頭....................198

行動電話充電器...............................202

七畫

串聯..166

佐久間象山...134

低功率（Low-Rate）型......................64

完全密閉構造.....................................76

改質器....................................23, 38, 105

助導劑...51

汽油...38

汽電共生（Co-generation）.................22

狄波特（Thiebaut）............................132

角形電池...86

伽伐尼（Galvani）............................110

快速充放電...146

快速充電－大電流放電用...................88

快速充電..182

快速充電用..88

八畫

並聯..168

併聯型系統............................14, 23

亞硫酸氣（Sulfurous Acid Gas）........76

亞硫醯氯（Sulfur Oxychloride）....68, 76

使用溫度範圍...................................158

固態高分子燃料電池.........................102

固態電解質....................................78, 100

定時控制充電...................................188

定電壓放電...158

定電阻放電...158

定電流－定電壓充電.........................181

定電流充電...180

定電流放電...158

定電壓充電...180

放射線同位素（Radioisotope）...32, 142

放電...158

放電功能...196

放電特性...159

放電終止電壓............................160, 196

放電溫度特性.....................................159

沼氣（Biogas）..................................104

物理電池....................................44, 138

直流電...14

直接甲醇型....................................38, 104

矽..140

矽太陽能電池.....................................30

空氣...66

空氣供給裝置.....................................23

空氣極....................................67, 103, 128

空氣電池...44

青蛙..110

非水無機電解液.............................68, 76

非晶（Amorphous）..........................140

非圓筒形...154

九畫

保護元件...74

保護電路...192

屋井先藏...132

屋井乾電池.....................................133
建議使用期限 157, 161
氟..70
氟化碳...68, 70
活性物質...51
玻璃封膜（Glass Seal）.....................76
耐高溫...70
耐寒性...78
耐熱用...88
負載...158
負極活性物質 50
風力發電...24
食鹽水...112

十畫

核能發電廠...24
原子能電池.............................32, 44, 142
島津源藏（第二代）...........................134
柴油發電設備 20
氣化熔融爐（Gasification Melting）..104
氣體電池（Gas Cell）.......................126
氧..........................38, 66, 102, 126, 128
氧化...116, 136
氧化物...136
氧化汞（Mercuric Oxide）..................62
氧化釩...94
氧化銀...64
氧化銀電池.............................46, 64, 164
氧化銅...68, 78
氧化劑...72
氧離子...104
海水電池...80
涓流充電（Trickle Charge）......182, 184
浮動充電.......................................182, 184
破裂...152, 194
砷化鎵（Gallium Arsenide, GaAs）..140
砷化鎵太陽能電池 30

素陶...120
素陶隔板.......................................118, 120
素陶容器.......................................119, 130
紙.................................50, 112, 132, 134
紙袋...132
脈衝充電...182
脈衝放電...159
脈衝驅動...60
航海家號（Voyager）...........................32
記憶體資料回存（Memory Backup）
....69, 162
記憶效應（Memory Effect）.............196
起火...152, 193
起動／停止時間.................................38
酒精（甲醇，Methanol）............38, 104
酒精加油站...39
高分子（聚合物，Polymer）.............98
高分子質子交換膜.............................103
高功率（High-Rate）型...............64, 88
高溫涓流充電用（Trickle Charge）.....88
逆變器...29

十一畫

乾電池...51, 132
停電...28
勒克朗謝電池 130
動力輔助（Power Assist）控制裝置 40
動物電...110
動態的電（Dynamic Electricity）............108
國際電工委員會（International Electro-
technical Commission，簡稱 IEC）..155
基準電壓...62
密封（Seal）型...................................84
控制閥型...84
接觸電流（Contact Electricity）........112
排熱...26
排熱回收裝置 23

氫 38, 92, 102, 104, 126, 128, 130

氫化合物.............................104

氫氣...........................114, 116, 118

氫氧化鈉...............................64

氫氧化鉀 56, 60, 62, 64, 66, 86, 90, 102

氫氧化鎳（Oxy Nickel Hydroxide）...60, 90

氫氧根離子 92, 102

氫極............................103, 128

氫離子 90, 98, 102, 114, 116, 130

添加劑 51

混合物（Mixture）...................51

深循環蓄電池（Deep-Cycle Battery）
....82

硫（硫黃）.............................100

硫化鎘（Cadmium Sulfide）.............140

硫化鐵 68, 78

硫氧化物（SOx）.......................36

硫酸.............................82, 114

硫酸鉛 83

硫酸銅 118, 120

硫酸鋅 118, 120

硫酸根離子 118, 122

細圓形 162

連續定電流充電...........................182

連續定電壓充電...........................182

連續放電.................................158

陶瓷（Ceramics）.............................128

陶瓷電極.................................105

十二畫

最大功率追蹤系統（Maximum Power
Point Tracker, MPPT）.....................42

單晶（Single Crystal）.....................140

單電池（Cell）.....................54, 100, 155

普蘭第（Plante）式鉛蓄電池...........134

氮氧化物（Nitrogen Oxide）...............36

氯化氫 76

氯化鉛 80

氯化銀 80

氯化銨 52, 130, 132

氯化鋅 52

氯氣（Chlorine Gas）.....................194

氯電池...............................194

發熱.................................152

短路（Short）...........................74, 193

硝酸...............................124

硝酸電池...............................124

硬幣（Paper Coin）形.............68, 154

稀硫酸 82, 112, 114, 124, 126

買電電錶...............................16

鈕釦形.................................154, 164

鈕釦電池回收箱...............................174

鈉.................................100

鈉離子.................................100

鈉離子電池.................................100

間歇放電（Intermittent Discharge）..158

集電棒.................................52

黃銅.................................110

十三畫

傳導面 100

圓筒形.................................154

塞貝克效應（Seebeck Effect）.........142

微生物電池.................................45

溫度上昇梯度控制 188

煤炭，石油.................................24

碘 68, 78

葛洛夫電池（Grove Cell）.................124

隔離膜 50, 122

葡萄酒.................................108

補充電解液 84

資料表.................................156

過充電.................................84, 193

過放電.................................160

鉛 82
鉛合金 82
鉛蓄電池...............................82, 165, 184
鉛酸二次電池 44
雷射焊接密封（Laser Welding Seal）....76
電力儲能用電池...................................44
電力儲能系統 100
電力調節器（Power Conditioner）......14
電池（Battery）........................82, 184
電池組（Assembled Battery）...........154
電池檢測器 170
電洞（Hole）....................................139
電容器 146
電動勢（Electromotive Force）.........112
電池再生器（Battery Conditioner）......196
電能密度...157
電解作用...................................126, 193
電解液...50
電磁閥...198
電鍍...108
電雙層電容器 45, 146

十四畫

漏液............................52, 152, 172, 195
磁能（Magnetic Energy）.................200
碳 70, 96, 130
碳棒 130, 132
碳酸根離子（Carbonate Ion）...........104
綜合能源效率 26
膏狀...82
蓋斯南（Gassner）...........................132
輔助動力馬達 40
酵素電池...45
銀 58
銅 108, 114, 118
銅板..........................112, 114, 116, 120
銅離子 118, 120

碲化鎘（CdTe）...............................140
廢熱 26
數位電表（Digital Tester）...............170
熔融碳酸鹽燃料電池.........................104

十五畫

標準用 88
標準氧化還原電位 136
標準電極電位 106, 136
熱起電力電池 44, 142
熱電池...142
熱電效應...142
熱電偶（Thermocouple）.................142
熱電變換元件 142
線圈（Coil）.....................................200
線軸構造..74
賣電電錶 16
質子（Proton）...........................98, 103
質子交換型導電性聚合物 98
質子交換膜燃料電池.........................102
質子聚合物（Proton Polymer）電池.....98
醋..108
鋅.......52, 56, 60, 62, 64, 66, 112, 118, 124, 130
鋅空氣電池.................................66, 164
鋅離子 114, 115, 118, 120
鋅板..........................114, 116, 120
鋅罐...52, 132
鋁（Aluminium）...............................100
鋰 68, 70, 72, 76, 96
鋰離子二次電池................................96
鋰二氧化錳電池.................................72
鋰亞硫醯氯電池.................................76
鋰氟化碳電池.....................................70
鋰氧化銅電池.....................................78
鋰−硫化鐵電池.................................78
鋰釩二次電池 94
鋰鈦複合氧化物.................................96

鋰鈦離子二次電池 96
鋰碘電池 78
鋰鈷氧化物（LiCoO$_2$）...................96
鋰電池 46
鋰鈮二次電池 94
鋰鋁合金 94
鋰錳二次電池 94
鋰錳複合氧化物 96
鋰離子 96
鋰離子二次電池 96, 164, 192

十六畫

整流 29
樹枝狀結晶（Dendrite）...................193
燃料電池 44, 48, 102, 126, 128
燃料電池系統 22
獨立型系統 14
積層電池 54
錳鋅乾電池 44, 52, 162, 194
錳複合氧化物 94
靜電 108
黏結劑（Binding Agent）...................51
輸電網路 16
操作溫度 38

十七畫

薄形電池 154
儲氫合金 90
濕電池 50
瞬間停電（電源瞬間停電再復電）..28, 147
磷化銦（Indium Phosphide, InP）.....140
檢測器 171
磷酸 102
磷酸燃料電池 102
螺旋構造 74, 90
還原 116, 136
鎂 80

錫板 112
黏土 108

十八畫

鎳 86, 104, 129
鎳氧化物 86
鎳乾電池 60, 162
鎳氫電池 90, 164, 190, 196
鎳電極 104
鎳錳乾電池 61
鎳鎘電池 86, 164, 186, 196

十九畫

鎘 86
鎘化合物 86
離子化傾向（Ionization Tendency）.....106

二十畫以上

觸媒 128
觸媒作用 128
鐵 108, 110
變頻器 29
體溫電池 144
鹼性二次電池 44
鹼性燃料電池 102
鹼性乾電池 56, 162, 194
鹼性鈕釦電池 58, 164
鹼性電池 45
鹼金屬元素 68
鹼性錳鋅電池 56

國家圖書館出版品預行編目資料

圖解電池入門／內田隆裕著；王慧娥譯. --
初版. -- 新北市新店區：世茂, 2009.03
面；公分. --（科學視界；96）

含索引
ISBN 978-957-776-970-1（平裝）

1. 電池

337.42　　　　　　　　　　97023542

科學視界 96

圖解電池入門

作　　者／內田隆裕
譯　　者／王慧娥
審　　訂／吳溪煌
主　　編／簡玉芬
責任編輯／謝佩親
內文插圖／中西隆浩
出 版 者／世茂出版有限公司
負 責 人／簡泰雄
登 記 證／局版臺省業字第 564 號
地　　址／（231）新北市新店區民生路 19 號 5 樓
電　　話／（02）2218-3277
傳　　真／（02）2218-3239（訂書專線）
　　　　　　（02）2218-7539
劃撥帳號／19911841
戶　　名／世茂出版有限公司　單次郵購總金額未滿 500 元（含），請加 50 元掛號費
酷 書 網／www.coolbooks.com.tw
排版製版／辰皓國際出版製作有限公司
印　　刷／長紅彩色印刷公司
初版一刷／2009 年 3 月
　　三刷／2012 年 11 月

ＩＳＢＮ／978-957-776-970-1
定　　價／280 元

Original Japanese edition
Naruhodo Nattoku！Denchi ga Wakaru Hon
By Takahiro Uchida
Copyright © 2003 by Takahiro Uchida
published by Ohmsha, Ltd.
This Chinese Language edition co-published by Ohmsha, Ltd. and Shy Mau Publishing Company
Copyright © 2009
All rights reserved.

讀 者 回 函 卡

感謝您購買本書，為了提供您更好的服務，請填妥以下資料。
我們將定期寄給您最新書訊、優惠通知及活動消息，當然您也可以E-mail：
Service@coolbooks.com.tw，提供我們寶貴的建議。

您的資料（請以正楷填寫清楚）

購買書名：＿＿＿＿＿＿＿＿＿＿＿＿＿＿＿＿＿＿＿

姓名：＿＿＿＿＿＿＿　生日：＿＿＿年＿＿月＿＿日

性別：□男 □女　E-mail：＿＿＿＿＿＿＿＿＿＿＿

住址：□□□＿＿＿縣市＿＿＿＿鄉鎮市區＿＿＿＿路街
＿＿＿＿段＿＿＿巷＿＿＿弄＿＿＿號＿＿＿樓

連絡電話：＿＿＿＿＿＿＿＿＿＿＿＿＿

職業：□傳播 □資訊 □商 □工 □軍公教 □學生 □其它：＿＿＿

職業：□碩士以上 □大學 □專科 □高中 □國中以下

購買地點：□書店 □網路書店 □便利商店 □量販店 □其它：＿＿＿

購買此書原因：＿＿ ＿＿ ＿＿ ＿＿ ＿＿ ＿＿（請按優先順序填寫）
1封面設計　2價格　3內容　4親友介紹　5廣告宣傳　6其它：＿＿＿＿

本書評價：＿＿ 封面設計 1非常滿意 2滿意 3普通 4應改進
＿＿ 內　容 1非常滿意 2滿意 3普通 4應改進
＿＿ 編　輯 1非常滿意 2滿意 3普通 4應改進
＿＿ 校　對 1非常滿意 2滿意 3普通 4應改進
＿＿ 定　價 1非常滿意 2滿意 3普通 4應改進

給我們的建議：＿＿＿＿＿＿＿＿＿＿＿＿＿＿＿＿＿
＿＿＿＿＿＿＿＿＿＿＿＿＿＿＿＿＿＿＿＿＿＿＿＿
＿＿＿＿＿＿＿＿＿＿＿＿＿＿＿＿＿＿＿＿＿＿＿＿

傳真：(02) 22187539
電話：(02) 22183277

生活健康・愉快心靈

生活休閒・輕鬆心靈・智慧回饋

廣告回函
北區郵政管理局登記證
北台字第9702號
免貼郵票

231台北縣新店市民生路19號5樓

世茂
世潮 出版有限公司 收
智富

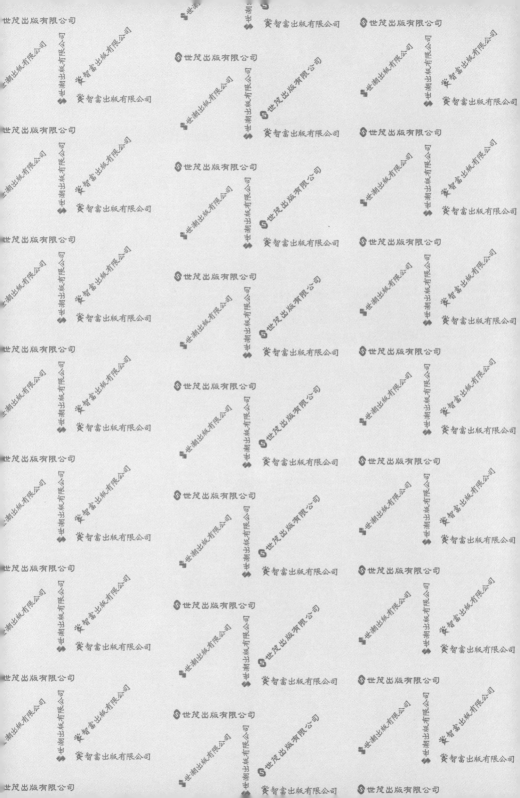